中国高等教育学会工程教育专业委员会新工科"十三五"规划教材
本教材的出版获浙江工业大学研究生教材建设项目资助，项目编号20180105。

虚拟现实用户体验设计

USER EXPERIENCE
DESIGN OF
VIRTUAL REALITY

张露芳 施高彦 著

ZHEJIANG UNIVERSITY PRESS
浙江大学出版社

图书在版编目（CIP）数据

虚拟现实（VR）用户体验设计 / 张露芳，施高彦著.
— 杭州 ： 浙江大学出版社，2019.10（2023.7重印）
ISBN 978-7-308-19266-8

Ⅰ．①虚… Ⅱ．①张… ②施… Ⅲ．①虚拟现实
Ⅳ．①TP391.98

中国版本图书馆CIP数据核字（2019）第124601号

本书全面介绍了用户体验（UX）设计在虚拟现实（VR）中运用的要素和原则，归纳总结了虚拟现实用户体验设计的具体流程和主要方法，分享了现阶段理论与实践的探索成果。

全书共7章，第1章简要讲述了虚拟现实设计与技术相碰撞所产生的变迁和发展，第2~3章分别阐述了虚拟现实的用户体验要素和人机工程学特性。第4~6章详细论述了虚拟现实用户体验的设计规划、模型设计和交互设计等内容。第7章介绍了较为典型的设计案例和对实际操作的解读。

本书的目标读者主要为用户体验设计师、工业设计师、用户研究员、产品经理、产品开发人员等；也适用于工业设计、产品设计和交互设计专业的师生作为专业课程教材，以及虚拟现实行业相关从业人员和对虚拟现实技术感兴趣的读者作为参考书。

虚拟现实（VR）用户体验设计

张露芳　施高彦　著

责任编辑　吴昌雷
责任校对　张　睿　杨利军
封面设计　苏　焕　林智广告
出版发行　浙江大学出版社
　　　　　　（杭州市天目山路148号　　邮政编码　310007）
　　　　　　（网址：http://www.zjupress.com）
排　　版　杭州林智广告有限公司
印　　刷　广东虎彩云印刷有限公司绍兴分公司
开　　本　710mm×1000mm　1/16
印　　张　10.75
字　　数　180千
版 印 次　2019年10月第1版　2023年7月第2次印刷
书　　号　ISBN 978-7-308-19266-8
定　　价　59.00元

人们的想象力构筑了"另一个世界"——虚拟的现实世界,并为其插上了想象的翅膀。想象的空间有多么宽广,虚拟世界的边界似乎就有多么无限。随着虚拟现实在各个领域的应用,这个名词已经由刚开始的新奇变得越来越被大众熟知,穿戴上虚拟现实设备,就能把远距离或是想象的画面展现在眼前,从感官中感知到虚拟空间的存在,沉浸其中领略前所未有的世界。

想象力带给了虚拟现实巨大的创作空间,也许在不久的将来,虚拟现实会变成众多行业的主流工具,并渗透到更多的行业中,影响着我们的日常生活。那么用户希望能获得什么样的感知和体验呢?在自由、无限的虚拟空间中,怎样才能引起用户的注意呢?身为用户体验设计和研究的从业者,你的设计想带给用户什么感觉,他们感觉到了吗?如何带给用户舒适的感官体验,其中的设计难点又是什么?……这些关于用户体验的研究,都还处于探索和试验的阶段。

与传统的鼠标、键盘、触控等交互方式不同,虚拟现实更强调整个系统交互的自然性,它的交互模式是多通道、多途径的,以往用户体验设计的运作方法在虚拟现实设计中无法直接复制使用,虚拟现实产品策划设计、布局交互有其不可忽视的独特之处。本书从虚拟现实的起源与概念谈起,介绍了虚拟现实不同历史阶段的发展轨迹、技术变革和如今的商业应用。书中重点阐述了用户体验(UX)设计在虚拟现实中运用的方式方法,通过理论研究、实例分析、图示、细节展示等方法尝试提出了一些具体的设计建议和设计原则。下面主要从四个方面对虚拟现实中的用户体验设计进行详细阐述。

第一方面从用户体验的角度介绍了虚拟现实技术带来的独一

无二的全新用户感受,探讨了虚拟世界的人机工程学,主要包括舒适度、眩晕感、视场角等。第二方面是对虚拟现实用户体验完整的设计流程进行细化和详述。按时间顺序,包括确定设计目标、主题内容、进行用户研究、决定情感基调、选择设计工具、设计故事板、确定视线基准、时间控制等。第三方面关于虚拟现实用户体验的模型设计,其中又可分为对象设计、角色形象设计、环境设计三项。第四方面关于虚拟现实用户体验的交互设计,主要包括界面元素(UI)设计、动作交互设计、控制器交互设计、移动控制、声音设计、多感官体验和用户体验测试。最后,本书选择了一些经典的虚拟现实产品作为案例分析对象,用实际产品展示现阶段的虚拟现实用户体验设计的思路与趋势。

希望通过本书的研究探索,为今后从事虚拟现实用户体验设计的人员提供帮助,提高VR开发团队的工作效率、项目质量。并能以此抛砖引玉,引发更多的设计讨论,同时欢迎各种相关意见和建议。在本书的编写过程中,特别感谢浙江工业大学研究生院和设计艺术学院的支持,浙江工业大学硕士研究生徐星煜、颜燕红和诸雨佳等为本书提供了丰富的素材和必要的协助,文斑和江斓完成了书中部分图片的绘制工作。在此,向所有支持本书撰写和出版的人员表示衷心感谢。

由于作者水平有限,书中难免存在不妥和错误,恳请读者批评指正。

编者

目录
Contents

第5章　虚拟现实用户体验——模型设计

第 6 章

虚拟现实用户体验——交互设计

第 7 章

虚拟现实用户体验案例分析

第1章

虚拟现实
概述

现实与想象交织于我们的生活中，一个是真实的，另一个是虚拟的，真实世界往往是触手可及的，而虚拟世界曾经就像停留在脑海中无法上岸的船只，虽然承载着满满的想象与思考，但无奈不是真实的存在。想象力是文明与科技进步的源泉和动力之一，人们对虚拟空间的探索与呈现逐渐构筑了"另一个现实"——虚拟的现实世界。

　　VR是虚拟现实（Virtual Reality）的简称，通过VR穿戴设备，把远距离或是想象的画面展现在眼前，从感官中感知到虚拟空间的存在，沉浸其中领略前所未有的世界。人们在虚拟的世界里，可以化身电影或是游戏里的主角，体验飞檐走壁、激情搏杀的刺激场面；也可以足不出户，体验世界各地的商品陈列眼前、伸手就能尝试的快感；还能坐拥世界各地或是魔幻世界的风景，聆听各地名校的课堂。VR技术的实现改变了传统的人机交互方式，使用户能进行更为深入的体验和探索，伴随着其不断扩展的应用领域，慢慢渗入人们的现实世界中。

1.1 虚拟现实概念起源

想象力超群的引领者们为虚拟现实构想奠定了思想基础，它的概念随着时间的推进慢慢变得成熟、丰富，焕然一新的感官体验也正逐渐在大家的面前呈现。

VR前期的"开荒"工作由国外的一些学者、工作室以及游戏公司等带领和研究，他们常借助于书籍、影视作品、街机游戏等形式对虚拟现实世界进行构想。

早在1932年，英国作家阿道司·赫胥黎（Aldous Huxley）推出长篇小说《美丽新世界》（见图1-1），在小说中，赫胥黎畅想了一番。在遥远的2532年，人们的物质生活极度丰富，科学技术高度发达。在人们的日常生活中，有一款常伴身边的头戴式设备。人们可以从中获得非常棒的沉浸式体验。这种沉浸式体验包括非常真实的视觉、听觉、味觉、触觉等感官刺激，人们甚至可以体验现实世界中无法获得的情感。

图 1-1　长篇小说《美丽新世界》

图 1-2　皮格马利翁的眼镜

1935年，一位名叫斯坦利·温鲍姆（Stanley G. Weinbaum）的小说家在其小说《皮格马利翁的眼镜》（*Pygmalion's Spectacles*）中写道，一位精灵族的教授发明了一副可以让人看到、听到、闻到和触到各种各样东西的全方位沉浸式体验眼镜（见图1-2）。可以说这是人类历史上设想出的第一款VR眼镜了。1957年，一位名叫莫顿·海林的摄影师以此为原型设计出了仿真模拟器。

20世纪80年代，杰伦·拉尼尔率先提出"虚拟现实"这一概念（可以解读为虚拟出来的现实世界），他将虚拟现实定义为"利用计算机模拟出的一个使人完全沉浸其中的虚拟三维世界"。

维基百科对虚拟现实的定义：利用计算机模拟产生一个三维空间的虚拟世界，提供用户关于视觉等感官的模拟，让用户感觉仿佛身临其境，可以即时、没有限制地观察三维空间内的事物。用户进行位置移动时，计算机可以立即进行复杂的运算，将精确的三维世界影像传回产生临场感。该技术集成了计算机图形、计算机仿真、人工智能、感应、显示及网络并行处理等技术的最新发展成果，是一种由计算机技术辅助生成的高技术模拟系统。

1.2 虚拟现实系统分类

随着虚拟现实概念的成熟与发展，其技术的特点正逐渐明晰。根据虚拟现实技术硬件和用户知觉感受的区别，人们通常将虚拟现实系统分为桌面式虚拟现实系统、沉浸式虚拟现实系统、增强式虚拟现实系统和分布式虚拟现实系统。

◎ 1. 桌面式虚拟现实系统

桌面式虚拟现实系统利用计算机或者工作站进行虚拟现实体验（见图1-3）。在这个系统中，我们往往通过显示器屏幕来获得视觉方面的信息，然后通过位置传感器、光学传感器、数据手套等外部传感设备，来和虚拟现实的世界进行交互。这种形式较为普遍，同时对于设备的成本也无过高的要求。

图 1-3　桌面式虚拟现实系统

◎ 2. 沉浸式虚拟现实系统

更为常见的系统则是沉浸式虚拟现实系统，也称为可穿戴式虚拟现实系统。这类系统能给用户提供完全沉浸式的体验（见图1-4）。最广为人知的系统就是虚拟现实头盔，这种头戴式显示设备将用户的视觉、听觉等感官信息，通过设备直接进行交互，同时隔离外界的影响。这种隔离能够使用户完完全全地进入虚拟世界，提升沉浸的感觉。

图 1-4　沉浸式虚拟现实系统

◎ 3.增强式虚拟现实系统

第三种是最近发展同样十分迅速的增强式虚拟现实系统,也就是我们常常听到的增强现实(见图1-5)。它通过相关的设备(比如手机)计算并生成虚拟图像,与现实世界的场景进行叠加显示,用户能在现实世界中接触到虚拟世界的画面,可以说是对现实世界的增强,此类系统能获得更加直观的体验。

图 1-5　增强式虚拟现实系统

◎ 4.分布式虚拟现实系统

最后一种被称为分布式虚拟现实的系统,又称共享式虚拟现实系统。它基于网络产生,将不同地域的多个用户或者多个虚拟环境互相连接(见图1-6)。用户们可以在同一个虚拟世界中进行交互操作,每一个用户的系统可以采用沉浸式或是桌面式虚拟现实系统。最常见的模式就是多人在线的虚拟现实游戏。

图 1-6　分布式虚拟现实系统

1.3　虚拟现实(VR)、增强现实(AR)和混合现实(MR)

VR、AR和MR是当下十分热门的三个概念,它们之间的一些相同点和不同点具体体现在以下方面。[1]

虚拟现实(VR)(见图1-7)主要是通过用户的构想性,在具有优秀运算性能的电子计算机中生成虚拟三维环境,给用户一种在虚拟世界中完全沉浸的效果,用户的各种交互行为,都可以在这个相对封闭的虚拟系统中完成。

增强现实(AR)(见图1-8)增强了我们的现实世界,在真实环境的基础上,将虚拟的场景、对象等叠加上去,让它们同时呈现在我们面前,从而增强用户对于真实世界的感知,带给用户超越现实的感官体验。

混合现实(MR)(见图1-9)是虚拟现实技术的进一步发展,混合现实将产生新的可视化环境,在这个可视化环境里实物与虚拟对象同时存在。它通过双目摄像头实时采集你看到的图像并进行建模，渲染画面。画面能对现实世界进行修正，打通现实世界和虚拟世界的交互方式，实现同步的交互反馈回路，创造一个全新的世界环境。

表1-1给出了虚拟现实和增强现实及混合现实的比较。

图 1-7　虚拟现实　　　　　图 1-8　增强现实　　　　　图 1-9　混合现实

表1-1　虚拟现实和增强现实、混合现实的比较

区分	虚拟现实（VR）	增强现实（AR）	混合现实（MR）
物理涉及	纯虚拟数字画面	虚拟数字画面＋裸眼现实	虚拟数字画面＋数字现实
用户体验	感官的完全沉浸	增强现实感官体验	打通现实和虚拟世界的交互回路
核心技术	计算机图形图像学、计算机视觉和运动跟踪等	叠加虚拟数字画面的校准跟踪技术等	光学透视技术、视频透视技术等
终端设备	头戴式显示设备	穿戴式眼镜、智能手机等设备	穿戴式眼镜等设备

1.4　虚拟现实发展历史简述

科学技术的进步和发展使得这些曾经看似遥不可及、虚无缥缈的预言和创意，一个个突破难关，虚拟现实设备和内容终于走入人们的视野中。虚拟现实技术的探索经历了一个漫长的黑暗时期，无数先驱为之前仆后继，2016年，虚拟现实的一切才开始明朗，研究者和媒体纷纷把这一年视为虚拟现实元年。其间，虚拟现实的发展经历了萌芽期、展露期、成长期、爆发期、成熟期这五个阶段。[2]（见图1-10）

1.4.1　萌芽期

人们从虚拟现实构想落地后开始进行图纸的研究，主要为实现有声、形、动态的立体模拟进行了一些原型设备的开发。随着实验开发进行的深入，虚拟现实的原理和认知也得到了进一步推进。直到第一个虚拟现实的原型设备——达摩克利

 1957年莫顿·海林发明Sensorama仿真模拟器。 1968年，伊凡·苏泽兰在林里实验室发明了第一台VR原型设备——"达摩克利斯之剑"。	1982年，美国军方开发了VCASS，第一次实现完全沉浸式的三维虚拟视觉。 杰伦·拉尼尔首次发明并定义了虚拟现实一词。 1984年，雅达利策划出了Atair Mindlink游戏控制器。 埃里克豪利特发明了"大跨度超视角"技术，可以将静态图片变成3D图片。并于1989年推出Cyberface虚拟现实头盔。	1993年，世嘉推出VR游戏设备Sega VR，并参加了当年的CES大会。 1995年，任天堂推出便携式Virtual Boy，并配备手柄。 2000年，SEOS HMD 120/40问世，视觉扩大、重量降低。	2012年索尼推出HMZ-T1。 2013年，Oculus Rift推出了开发者版本。  2014年，在I/0大会上，谷歌推出Cardboard。 2014年9月，三星发布了一款移动虚拟现实硬件——Gear VR	2015年3月HTC和Valve合作开发的VR设备HTC Vive发布。 2015年5月，Oculus正式发布消费级的Oculus Rift头盔和Touch控制手柄。
VR萌芽期 (1956-1968)	VR展强期 (1980-1989)	VR成长期 (1990-2010)	VR爆发期 (2011-2014)	VR成熟期 (2015-至今)
设备体积巨大，视角狭小，只能保持固定坐姿，画面单一，人机体验很差。	设备开始小型化，加强了从平面向三维画面的转变，可调整式可视角度。减轻了用户穿戴负担，视觉体验得到改良。	设备进一步缩小，可视角度进一步增大，但受于技术限制，在人机体验方面做出了让步。	随着技术发展成熟，使用更加便利，传感器集成在设备上，可以用手机作出画面输出。但仍存在交互延迟和分辨率等问题。	出现更加专业的传感器和更加精准的定位工具。头盔显示更出色，配合符合人机工学的手柄，使用户有较好的沉浸感和舒适的体验。

图1-10　虚拟现实发展与变迁

斯之剑的诞生，才算完成了虚拟现实的萌芽发展。

　　1955年，摄影师莫顿·海林设计出了赫胥黎在小说中提及的VR设备原型图（见图1-11）。随后，海林在1957年成功发明了一台名为Sensorama的仿真模拟器（见图1-12）。这台形似街机的设备采用了宽屏3D显示和立体声，主要通过三面显示屏来为使用者展现空间感。这是人们从现实世界踏入完全虚拟的新世界的首次尝试。

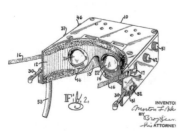   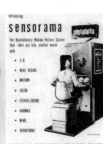

图1-11　VR设备原型图　　　　　　　图1-12　Sensorama仿真模拟器

　　1963年，科幻作家雨果·根斯巴克在 Life 杂志上发表文章，介绍了他的VR设备——Teleyeglasses（见图1-13）。这是一款头戴式电视设备，其最突出的特点是设备的正面有几个旋转式的按键，同时侧面还有两根长长的大天线。

　　1965年，伊凡·苏泽兰发表了一篇名为"The Ultimate Display"（《终极显示》）的论文，这是VR技术第一次在学术上露面。在论文中作者提出VR技术的研究方向和愿景,讨论了关于"显示"的可能和未来,还有全新的交互手段和反馈等内容。

图1-13　Teleyeglasses

1968年,苏泽兰主持设计和开发出了世界上第一台头盔显示器——"达摩克利斯之剑"（见图1-14）。其显示器利用反射角度略有不同的光学透镜形成两幅图像,为使用者呈现出一个立体三维虚拟图像。

纵观古今,每项新技术的成功背后都有无数先驱不断的尝试和努力。尽管这些曾经闻名一时的产品在今天看来笨拙而粗陋,存在种种用户体验上的问题,但正是这些产品的出现奠定了整个VR技术发展的基础。

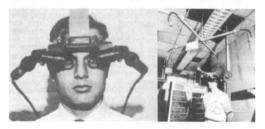

图1-14　达摩克利斯之剑

1.4.2　展露期

20世纪80年代,VR技术首先在美国官方服务体系领域中得到发展。官方有掌握技术的天然优势,加上虚拟现实对现实模拟的逼真性,使得虚拟现实适合应用在军事、航天等领域。

1982年,美国军方开发了VCASS,第一次实现完全沉浸式的3D虚拟视觉。紧接着1985年,美国国家航空航天局涉足虚拟现实领域,推出了VIVED VR,以创造出更加真实的飞行模拟器。

随着20世纪80年代计算机技术的发展,VR有了在个人计算机上运行的硬件支持,从而加速了在民用消费领域的研究进程,VR技术的商业价值也开始被一些大公司挖掘,用来研究用户对于虚现实可能的需求。1982年,一家著名的游戏公司率先发现商机,成立了VR技术研发小组,并用其开发的相关硬件抢占VR游戏市场,这家公司就是雅达利（Atari）。

20世纪80年代前后正是街机风靡的时代,街机的发展也带动了游戏主机的崛起,雅达利对VR领域的研究正是基于AR街机项目。VR和游戏的结合直到现在依旧是最有潜力的发展方向之一。1984年,雅达利策划了一款名为Atari Mindlink的头戴设备,试图将玩家的面部表情和思维作为游戏操作的输入方式,这种思想无疑是超前的。然而,由于该产品在使用过程中会给玩家带来眼部不适等不良用户体验,最终没有取得预想中的成功。[3]

1.4.3 成长期

在这段时期,虚拟现实技术开始在公众面前(展会上)呈现,商业公司对虚拟现实领域特定技术作出了很多突破,在显示技术、传感器技术、运动追踪等方面做了很多努力。

1993年,世嘉推出虚拟现实游戏设备Sega VR,并参加了当年国际消费类电子产品展览会(International Consumer Electronics Show, CES)。这款游戏设备使用了惯性传感器、液晶显示屏和立体声耳机,使系统可以跟踪玩家的头部运动并进行反馈,提高了体验效果。

1995年,任天堂推出便捷式Virtual Boy并配备手柄。其技术原理是将双眼中同时生成的相同图像叠合成用点线组成的立体影像空间(见图1-15)。但限于当时的技术力,这个研究成果还只能使用红色液晶显示单一色彩。

Virtual Boy于1994年末和1995年初分别在日本和美国的大型游戏展会中进行了展示,但由于其单调的点线图形,观众的反馈并不理想。

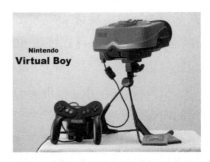

图1-15 Virtual Boy

开发者还发现了一个足以致命的技术问题:原先Virtual Boy计划以头罩式眼镜方式实现户外娱乐,但是通过实际检验后发现头部晃动会导致图像紊乱错位,造成眩晕。后来Virtual Boy原先的头罩眼镜式设计改为三角支架平置桌面的妥协设计,完全失去了便于携带的特点。用户体验方面与用户期望的悬殊,导致了Virtual Boy最终的失败。

到了2000年, SEOS HMD 120/40(2000s)问世,这款虚拟现实头戴设备的视角能达到120°,重量却仅为2.5磅(1.13公斤),算是一个里程碑式的产品。

1.4.4 爆发期

这个阶段正好处于智能手机普及的时间段,智能手机拥有独立的操作运行空间,能够接入第三方服务程序,实现了开放平台和虚拟现实技术的重合,从而产生了两种类型的虚拟现实设备:PC端虚拟现实设备和移动端虚拟现实设备。

2012年,索尼推出了HMZ-T1(见图1-16)。这是索尼公司推出的一款头戴式3D显示器,这款设备使用了OLED显示技术,具有色彩鲜艳、响应迅速、对比度极高等众多优点。视野效果就如同在20米的距离外观看750英寸的巨型银幕。它的体积很小,方便携带,使用者可以随时随地享受大屏幕高清影院所带来的震撼。

图1-16 HMZ-T1

Google在I/O开发者大会(即I/O大会)上展示了VR眼镜纸盒Cardboard(见图1-17)。在其凸透镜的前部留了一个放手机的空间,而半圆形的凹槽正好可以把脸和鼻子埋进去,从而提供VR的体验。

图1-17 Cardboard

手机端的Google Cardboard应用可以将手机屏幕的内容进行分屏,由于眼睛所见的内容有视差,因此能产生立体效果;手机的摄像头和陀螺仪能跟踪用户头部运动,显示的内容也会随之产生相应变化,用户在观看YouTube、谷歌街景或谷歌地球等应用时就能完全沉浸在VR效果之中。

1.4.5 成熟期

VR生态系统基本上在这一阶段构建完整,主流硬件涌现,同时内容产业也逐渐丰富,各种平台及应用程序相继出现。

2015年3月,巴塞罗那世界移动通信大会举行期间,HTC和VALVE合作推出了一款VR虚拟现实头戴式显示器HTC Vive。它不仅能给游戏带来沉浸式体验,也延伸到更多其他领域。

2015年5月,Oculus正式发布了消费者版本的Oculus Rift头盔和Touch控制器。

Touch控制器基于用户动作的输入习惯,搭配实体按键,将一种更为自然的交互方式带到VR中来。

2015年11月，三星宣布Gear VR消费者版本正式开放预售。这款VR设备在使用时需要三星手机的配合。

在2014年和2015年VR头盔初露头角之后，第一代消费者版VR头盔纷纷在2016年上市。虚拟现实这才开始在各大领域大展拳脚，人们生活中开始接触虚拟现实产品和内容。

2016年迎来了首款VR社交软件vTime。不管是在Oculus Rift、三星、HTC还是谷歌的设备上，即使玩家足不出户，也可以用vTime这款社交类应用广交天下好友，领略世界的多元文化。

2017年研究者在VR头显设备的分辨率、无线传输、注视点渲染等核心技术上投入大量研究，渴望能有更重大的突破。VR设备在空间定位方面得到较大改进，在游戏领域里的显卡层、驱动层、引擎层上的支持也都逐渐跟进。

在这段时期里，国内也受到全球VR热潮影响，各大行业相继进军VR产业。

走在VR圈子前沿的"暴风魔镜"的VR产品已于2016年12月发布至第五代。暴风魔镜在用户体验比如佩戴、调节、美观、轻薄等方面都比前代大有改观，为解决损伤眼睛的问题，它加了防蓝光的保护措施。

国内最早涉足VR和MR的公司之一3Glasses，于2015年2月发起成立了中国"虚拟现实联盟"。在硬件方面，3Glasses于2019年推出新一代消费级超薄VR眼镜X1，实现了VR硬件形态的里程碑式跨越，推动了VR产业的迭代。

若想在VR的用户体验上做得更好，网络传输将是亟待攻克的难关。为了应对VR产业的网络需求，华为做出了积极的布局，在5G技术标准制定上遥遥领先；此外，还战略投资了暴风科技，在VR硬件和APP平台两方面展开合作。

1.5 虚拟现实商业帝国

在虚拟现实的概念逐渐完整丰富之后，国内外的大公司都逐渐开始探讨VR在实际中的应用，抓住VR的优势来为公司创造新的收益。随着硬件技术的发展，VR在消费者领域逐渐崭露头角，VR影视、VR社交、VR游戏等走入大众的视野中。[4]

◎ 1.Facebook

◦VR终端，触手可及的VR世界

Facebook在2014年7月收购了Oculus，Oculus在硬件终端方面进行了多个方面的布局,首先是基于PC端的虚拟现实头盔,即Oculus Rift以及其系列产品;其次是与三星联手推出的基于移动端的眼镜盒子Gear VR。这两类硬件产品可以使VR应用到用户更多的场景中,使VR逐步走入用户的生活中。

而后,在2017年10月,Facebook发布了首款VR一体机Oculus Go,并在2018年的CES大会上发布了第二款搭配运行高通智能手机芯片的头显——Go Headset头盔,这无疑将大大增强虚拟设备的便携性。Facebook的虚拟现实业务副总裁雨果·巴拉表示:VR一体机是目前最容易使用的设备。用户无需操心要设置系统或插入连接,只需要简单戴上头显,马上就可以步入VR世界,一体机是能让尽可能多的人体验到VR的关键产品类别。

⊙ VR应用,带来生活新体验

Oculus Share是世界著名的VR软件分享交流平台,它面世于2013年。在这里,人们可以发布各种有趣的实验性软件供用户尝试,并从中获得收益。在Oculus VR Share上线后,平台有超过200万次的独立下载,内容包括游戏、全景视频等600款产品。

Facebook作为世界顶级的社交网站之一,拥有大量的用户。一方面,它以Oculus为核心搭建VR游戏用户群;另一方面,它想使VR技术成为颠覆社交的方式。

在2017年F8开发者大会（F8 Developer Conference）上,Facebook推出了Spaces平台这一探索性社交工具（见图1–18）。用户可以在这一平台上化身为虚拟人物与好友进行互动,玩游戏、视频聊天、旅游……用户使用Facebook中的相片,Spaces便会进行深度图像识别,生成专属于个人的VR形象;可以邀请多个好友共同参与聊天,任意更换聊天的场景。为了让社交更具有可玩性,研发者还增加了3D绘画功能,在空中就可以画出你想要的道具。当然,自拍和视频聊天等传统功

图 1–18　Facebook Spaces

能也在其中得到了良好的表现。Space开启了社交的新篇章，把VR带入人们的生活中。

◎ 2.Google

◦ Google硬件的发展

在2014年的Google I/O大会上，Google推出了廉价版的虚拟现实开放解决方案Google Cardboard，这对VR的普及起到了重要的作用。

紧接着在2015年的I/O大会上，Google推出了Google Jump这一款360°全景摄像装置，可以实现全景拍摄，生成逼真的3D VR视频。

而后的两年中，Google又推出了另外两款VR头显：2016年发布了Daydream View这一含有头显和手柄的套装，2017年则带来了Standalone VR，让用户更真实地体验VR世界。

2018年，它与联想合作推出Mirage Solo，这是一款可以独立运行的一体机式的VR设备。它运行Google的VR平台Daydream，为用户提供更为沉浸的方案。

◦ Google Daydream

Daydream平台是Google为虚拟现实创造的一个完整的平台和生态系统（见图1-19）。它基于安卓系统，包含了教育、影视、游戏等VR内容。

图1-19　Daydream平台

目前的移动端VR存在着各家硬件和软件不匹配的问题，割裂了流畅的VR体验，呈现出碎片的现象。而Google则想要通过手机支持规范、头盔设计和全新的界面，把Daydream平台打造成一个标准化的平台，制定一个行业的标准，让更多开发者参与进来，而用户只需要在这个平台上选择自己喜欢的应用就可以了。

◎ 3.三星

◦ 三星和Gear VR

2014年9月，在德国柏林CES大会上，三星公布了一款基于移动端的虚拟现实设备 Gear VR（见图1-20）。率先进入移动虚拟现实领域。

在2018年的CES大会上，三星推出了Relumino智能眼镜的工程。该应用可以与Gear VR配合，帮助视障人士更清晰地看见事物。它利用智能手机的后置摄像头充当Gear VR的眼睛，并通过应用程序扩大特定的区域。

图1-20 Gear VR

○ Gear VR，硬件与内容并存

Gear VR摆脱了线缆的限制，让佩戴者可以360°体验虚拟现实的场景。无线手柄的交互和操作，使虚拟的一举一动，都变得直观。

对于Gear VR，三星的定位十分明确。三星的副总裁Justin Denison说道："最终书写未来的还是内容，消费者对内容的获得方式决定了这个产品能否最终取得成功。"

因此，在优秀的移动端硬件的基础上，三星联合Oculus VR开发了与Gear VR适配的工具包。它提供了Oculus影院、360°全景照片浏览器和全景视频播放器的源代码；同时他们推出了Oculus Home这个平台，开放给各个内容开发者，平台有了开发者，才能产生更多优质内容并最终呈现给用户。

◎ 4.HTC

○ Vive，革命性的VR硬件

HTC与早在2012年就瞄准VR的VALVE，在2015年宣布了合作并在当年的世界移动通信大会（Mobile World Congress, MWC）上，发布了联合开发的一款虚拟现实头盔产品HTC Vive Pre；紧接着2016年，它们在MWC大会上正式发布了更为符合人体工程学的HTC Vive消费者版本。

在随后2017年的CES大会上，HTC和VALVE发布了两款炫酷实用的Vive新配件——Vive追踪器、Vive畅听智能头带。追踪器可以安装在真实的物品上以将用户带入虚拟世界，例如结合手套可以作为棒球运动员、消防员设计训练的应用等；而Vive畅听头带配有舒适易用的一体化可调节式耳机，可以让使用者更舒适、方便地享受360°真实高清的音质。

2018年，HTC和Valve又推出了Vive Pro（见图1-21）。这款产品可以称为换代式的革新，改变了屏幕的材质并提高了分辨率；而Vive无线升级套件的推出，更

图 1-21　Vive Pro

是使得 VR 向无线化迈进了一大步。

○ Steam VR 和 VivePort 平台

Steam 是目前最大的计算机游戏发布平台,类似于 Apple 公司的 iTunes,是一个方便迅捷的综合性下载平台。Steam VR 则是 Valve 在 VR 领域的一个项目,聚焦在游戏上。

HTC 则在 2016 年 3 月正式推出了自己的 VR 内容服务平台——VivePort。不同于 Steam VR,VivePort 还包含了媒体内容和其他行业应用,并且在中国开设了上百个线下体验店,供消费者体验。

◎ 5.百度

○ VR 社区

百度 VR 项目目标定位于打造中国区第一 VR 媒体社区,专注服务于 VR 用户与 VR 行业。百度 VR 的主要服务方式是整合各方面的资源,打造一个内容资讯、爱好者交流的平台,平台的内容包括资讯、游戏、视频、评测、社区等多个频道,助推 VR 生态发展。(见图 1-22)

图 1-22　百度 VR

○ 联手爱奇艺,尝试多方面内容

2016 年 7 月 15 日,百度推出国内首款 VR 浏览器。主要让用户体验 VR 环境下的网页浏览,带领用户走入 VR 世界,当然也提供海量 VR 视频电影以及众多 VR 游戏。

除此之外,百度还联手爱奇艺尝试VR影视内容。VR＋将集合VR、AR、MR等广义虚拟现实领域内容,全面包罗VR/AR领域及其衍生领域,包括VR演唱会直播,拍摄VR电影等。

◎ 6.阿里巴巴

阿里巴巴成立了VR实验室GM Lab（Gnome Magic Lab）。2016年4月1日阿里巴巴正式推出全新Buy＋购物方式（见图1-23）,使用VR技术,生成可交互的三维购物环境,百分百还原购物场景。为了商品在虚拟世界中的还原,同时推出"造物神计划"。

图 1-23   Buy +

当用户想要购买一款沙发的时候,可以在家里戴上VR设备,选择想要购买的沙发在虚拟场景中进行各个角度的观察,也能进一步地把虚拟的沙发摆放进家中,观察大小是否合适,配色是否和谐。这极大地免去了用户家具试用的烦恼。

图 1-24   VR试衣新体验

作为电商巨头的天猫利用VR技术,将网购与新技术相结合,为用户解锁更多有趣的购物体验。天猫新任总裁在2018新零售世博会上表示:天猫新零售的关键词为重构未来,而重构未来离不开VR等新科技的推进。（见图1-24）

◎ 7.腾讯

腾讯在影视和游戏方面具有丰富的资源,而这两方面也是VR中重要的分支。随着VR概念逐渐开始走入大众,腾讯也着手布局VR行业。

在游戏产业方面,由腾讯光子工作室开发的《猎影计划》（见图1-25）在北京发布,它充分发挥了空间定位技术,实现了"全体感"的VR体验。玩家需要充分运用自己的动作来完成攀岩、投掷、射击等动作,大幅度提升了游戏的沉浸感。

而在视频内容方面,腾讯云推出的VR视频云服务适用于如下四种应用场景:

（1）秀场VR直播:针对秀场直播,可以对直播内容进行回看或者是实时的聊天,同时提供了全新的礼物系统的交互体验。

图 1-25 腾讯 VR 游戏《猎影计划》

（2）游戏VR直播:针对游戏VR直播场景,依托腾讯的强大技术,提供全新的VR游戏直播的互动体验。

（3）活动VR直播:针对国内外大型活动,如演唱会、球赛等,腾讯提供实时的VR直播、后续的VR点播,为用户提供身临其境的现场感。

（4）广电新媒体VR直播:针对广电企业新媒体播报大型新闻、活动等场景提供VR直播系统。在直播和点播的服务之外,还提供了专业媒体设备的接入。

1.6 VR+时代的来临

随着各大公司对硬件和平台的布局,VR会慢慢融入生活的方方面面,娱乐、学习、工作中或许都会见到VR的身影,在游戏、设计、教育、影视、零售等领域的应用较为常见,VR的应用将带来不一样的生活体验（见图1-26）。

图 1-26 VR 的主要应用领域

1.6.1 VR + 设计

◎ 1.VR设计,全新的设计工具

从手工纸笔绘制图纸演变到计算机辅助制图,设计的时间成本大大降低,效果图也越来越能表现出最终生产出的实物效果。VR是一种更加智能的绘画设计工具,让设计从纸面走向立体,能在3D空间内实现360°的全视角设计。

VR,让设计变革至更高的科技时代。它丰富了设计的表现手法,三维立体的图像相比于传统手绘具有更加直观表达的优势,为设计师带来更多创作灵感。VR还能帮助设计师讲解清楚设计的理念,保证设计方案的传达,弥补了二维设计方案在交流上的不便,让设计师与客户更直接地交流对接设计方案。

◉ 2.VR设计应用领域

　　虚拟现实运用在空间设计创作中,设计师可以灵活运用模块组合、随意移动和变换空间摆件,在虚拟场景中亲身体验方案的落地效果,有助于激发设计师的创作潜能和再创作的灵感。用户也可以参与其中,根据他们的喜好调整模块的一些属性,从而提高客户的满意度。服装设计师们可以实时变换服装的配色、材料,也能根据客户的数据对衣服的尺寸进行快速地修改,大幅度节约了时间和成本。工业设计师们进行汽车设计的时候,能生成1:1的模型和各种条件下的环境,对车辆的比例、曲线、数据等能进行更好地把握。对于平面设计师、建筑设计师来说亦是如此。VR＋设计给设计带来了更多的可能性,提升了设计师的效率,降低了设计生产的成本。

1.6.2　VR＋教育

◉ 1.VR教育,全新的教育体验

　　虚拟现实教学引导学生亲身经历和感受世界万物的奥妙,这种新的教学形式远比空洞抽象的说教更具说服力。当你置身于虚拟教室之中,VR教育能提供界面友好、形象直观的交互式学习环境,学生的学习环境更加轻松（见图1-27）。提供图文声像并茂的多种感官综合刺激等,能将文字教学变为可以体验的场景教学,使得记住知识更加容易。学生听课过程中

图1-27　乐视VR教育

遇到没有听懂的知识点,可以操控页面进行二次聆听;课后作业分配和批阅更加智能,老师有充分的时间留给答疑阶段;学生有针对性地进行知识复习和易错题巩固。

◉ 2.VR教育特点

　　VR教育让线上教育场景更加丰富生动。在虚拟场景中,学员能自由选择想要观察的信息载体,并从中获得想要的信息。在虚拟情况下给学员提供"实操"机会。医疗手术、模拟驾驶、现场救援等都可以利用VR设备进行模拟练习。对于这类专业技能培训机构,一套VR设备能实现多种特殊环境模拟,减少实训成本和风险性。

　　VR能还原三维立体形象,提供更直观的教学内容。在讲述历史的时候,VR

能模拟历史的场景,让学生置身于过去,感受历史的演变。讲述物理几何知识时,能让学生在虚拟空间中对实物进行观察,多方面地理解知识。在天文、地理等方面也有其发挥的空间。三维立体图像将会帮助学生对知识进行更好的理解。

◎ 3.VR教育,未来与展望

VR+教育改变了传统课堂的教学模式,它能够为学生提供自由的学习方式和平易近人的学习环境,对知识有更加深刻的认识和理解;同时也降低了教育的成本,规避了一些实际操作的风险。

1.6.3　VR+游戏

◎ 1.VR游戏,开启新世界的体验

放下手中的键盘和鼠标,戴上VR头盔,拿起VR游戏手柄,一个全新的世界将展现在你的面前。你仿佛能感觉到自己和游戏里的角色合二为一,操纵手柄可以在这个虚拟的空间中自由地运动,和场景中的物品和角色进行多种方式的交互,聆听极具空间感的声音,让你身临其境,置身于一个由设计师精心打造的虚幻世界。

VR游戏是一种全新的互动娱乐体验,在第一人称的射击类、动作类、角色扮演类、体育类等游戏类型中有很好的表现。VR游戏能营造良好的氛围,提供流畅的交互操作,呈现传统游戏平台中不同的内容与体验。在射击游戏中,转动头部就能调整游戏的视角,瞄准和射击的动作也和实战中别无二致;在动作类游戏中,可以第一视角面对敌人,挥拳、踢腿、跑动,都能让角色做出同样的动作;在角色扮演类游戏中,能融入剧情,与NPC进行真人般的互动,探索游戏世界的风景……

◎ 2.VR游戏特点

想象的世界,等待玩家的探索。游戏设计师们可以借助VR这个平台来创造一个完全虚拟的世界,这个世界的规则可以自己制定,只要是合理的,就会让玩家感觉这是另一个真实的世界,给了玩家更多的想象空间。战斗的紧张氛围,世界的奇幻风景,都在VR游戏中体现得淋漓尽致,带给用户更自然、流畅、充满幻想的游戏体验。

玩家可以融入角色,体验游戏的点滴。VR游戏具有极强的代入感。置身于一个虚拟世界,玩家可以以第一视角体验游戏的剧情,和场景中的NPC或是其他玩家交流,更能融入到故事中扮演其中的角色。与传统游戏相比,VR游戏也更能全方位地刺激玩家的感官,无论是视觉、触觉还是听觉的体验都更加真实。格斗游戏中

拳拳到肉的打击感,运动游戏中风驰电掣的速度感,都能通过VR游戏很好地呈现给玩家。

VR游戏虽然比较依赖于外部的交互设备,但同时也抛弃了传统游戏所需的键盘、鼠标、手机等,创造全新的交互体验。操作虚拟交互设备,整个世界就会随着视角或是身体的移动而改变。按下按钮,就能让角色手中的枪射出激光;挥动手柄,就能舞动剑刃击败眼前的敌人……这种交互方式更趋近于游戏中角色的动作和行为,玩家更容易上手,也更能投入其中,达到玩家与角色的同步。

◎ 3.VR游戏,未来与展望

游戏是最适合展现VR的舞台之一。它为互动娱乐带来了全新的机遇,随着硬件与技术的发展与迭代,具有精美的画面、震撼的音乐、曲折的剧情、立体的社交的游戏会逐步走入玩家的生活。游戏开发者们也能在VR这个新的游戏平台上从零开始创建新的IP,发挥想象力,打造一个全新的虚拟游戏世界。

1.6.4　VR+影视

◎ 1.VR影视,颠覆性的影视体验

不用走进电影院,只需要坐在家里的沙发上,戴上VR设备,你就可以进入一个虚拟的影院。在这里可以自由选择想要观看的影片,也可以邀请在远方的朋友和你一起到"影院"观影,也不用担心闲聊讨论剧情会影响到别人。你甚至可以走进电影的世界里,和电影里的演员共同探索场景和剧情。

VR影视带给人们和传统影视不一样的体验。相比于3D电影和IMAX,VR电影不仅能够让观众体验到极致的视觉、听觉等感官体验。它更进一步,让观众参与到电影场景中,近距离接触演员,和他们进行互动,在一定程度上还会影响后续剧情的发展。由于选择的差异性,每位观众都有可能拥有一部自己参与的独一无二的影片。可以说,VR影视不仅仅是观看电影或电视剧的过程,更是改变、创造的体验过程。

◎ 2.VR影视特点

置身电影世界的观影体验。VR影视消除了观众与故事剧情之间的物理距离,使观众仿佛穿越到了平行世界中,体验导演和摄影师想要呈现的世界,和演员们共同在虚拟世界中展开剧情。就像一位从业者所说:"当你进入电影的场景时,汤姆汉克斯或者安妮海瑟薇可能就在你身边,甚至还有可能向你点头致意。你可能像

坐滑翔伞一样飞过一片森林,可能在枪林弹雨中左躲右闪,也可能在海底与大白鲨擦肩而过……"

VR电影的自由视角,突破了屏幕的限制。传统影视中,导演可以根据镜头的特写,集中的剧情爆发来调动观众的情绪和观感,但VR影视不同,观众的观看视角是自由的,看向什么地方,以什么视角来观看不再受屏幕的限制。这对叙事和引导提出了更高的要求。

VR影视的剧情可能是不固定的,会由多条剧情线并行,观众可以根据自己的喜好来自由决定故事的变化。随着故事的推动和视角、空间的变化,每位观众看到的画面也可能是不一样的。观众还可以和电影场景

图 1-28　VR 电影 *Henry*

中的人物和物品互动,从而推动情节的发展。这种游戏式的探索和电影式的叙事会让观众有良好的观影体验和成就感。这是VR电影独有的交互式体验。*Henry*是Oculus旗下工作室出品的VR电影,在电影中,观众将加入一只孤独的小刺猬的生日派对,跟着它进行派对的准备,找到动物朋友们。(见图1-28)

◎ **3.VR影视,从0—1的探索**

VR影视带给观众的体验是颠覆性的,除了初步的全景视频的探索,VR影视还应具有景深感的画面、交互属性的场景、叙事分明的剧情,来激发用户探索、发现、改变。这也对拍摄方式提出了更高的要求,或许在未来的VR影视作品拍摄过程中,虚拟的数字影棚和虚拟人物会被更多地运用,从而打造更身临其境的观影体验。

1.6.5　VR＋零售

◎ **1.VR零售,足不出户走遍商场**

当VR与零售购物融合在一起以后,消费者戴上VR设备就可以去往想要去的商场,或是纽约的第五大道,或是英国的复古集市,抑或是美国的百货商场。对于想要的商品,消费者注视一会儿就能把该商品加入购物车,还可以通过VR设备一并解决最后的付款,给人们一站式的消费体验。

VR零售购物满足了人们购物的需求,在虚拟商店中,人们可以拿起身边的衣

服试穿，在设备中就能显示你穿着新衣服时的样子。对于一些更大件的商品，例如家具，则可以把商品直接挪到虚拟世界的"家"中，观察尺寸颜色等是否合适，极大程度上降低了消费者不确定购物的可能性。同时，人们在家里就可以体验逛街的乐趣，从而激发了消费者的购物欲。

◎ 2.VR零售特点

VR零售的方式打破了空间的界限，在购物的过程中，消费者能在虚拟的世界中体验购物的氛围，弥补了传统网上购物真实性欠缺的劣势，提高了购物时的舒适度；并且消费者在购物的过程中能身处相应的环境，例如在购买营地装备时会出现野营场地的环境供消费者直接体验。

传统的网上购物方式中，商品往往以图片和文字的方式呈现，消费者无法直接感知产品的尺寸、材质等。但在VR世界中，人们可以360°地观察想要购买的商品，对于某些功能型的商品，可以试用体验。在汽车销售行业中，消费者可以戴上VR设备，近距离观察和了解车的真实形态，配合立体声耳机，还能听见虚拟的开门、发动机启动的声音，从驾驶员的角度环顾整个车体，从而获得真实的试用体验。

◎ 3.VR零售，打造未来购物方式

VR零售也给了商家更多的发挥空间和挑战。商家需要提供给消费者精细的建模、细致的物品数据，实现商品的完美呈现。商家和消费者也能在虚拟的空间中进行更多的互动，甚至为消费者提供个性化定制的商城，激发消费者的购物欲望，打造未来的"目之所及，物之所至"的购物体验。

不仅仅是这些，VR医疗、VR旅游、VR看房……VR正慢慢走入方方面面。正如威廉·吉布森曾在《神经漫游者》这本书中说过："未来已经在这里，只是还没有普及。"虚拟现实焕然一新的体验和多方面的优势，会给我们的生活带来更多的便利与惊喜。

参考文献

[1] 淘VR.虚拟现实：从梦想到现实[M].北京：电子工业出版社,2017.

[2] 王赓.VR虚拟现实：重构用户体验与商业新生态[M].北京：人民邮电出版社,2016.

[3] 刘丹.VR简史：一本书读懂虚拟现实[M].北京：人民邮电出版社，2016.

[4] 宋海涛,陈韵林,安乐,等.虚拟现实+:平行世界的商业与未来[M].北京：中信出版社,2016.

第2章

通往虚拟世界的
用户体验

人们可以在虚拟世界中购物、旅游、游戏等,良好的体验感能让用户更好地感受虚拟世界的点点滴滴,沉浸其中。对于设计开发人员来说,让人们准确地了解和使用VR设备与应用是至关重要的,也是提升用户体验的关键所在。那么当提到虚拟世界的用户体验,它关注的是什么?

2.1 用户体验概述

2.1.1 什么是用户体验

随着科技的发展,人们在物质上的需求得到了极大的满足,因此现在在消费的过程中对精神和情感提出了更高的要求。他们希望在生活中能创造更多的自我实现机会,满足他们对于存在感和归属感的情感需求。这是一种"人们愿意在闲暇时间为他们的休闲生活而支出不菲的金额以填补精神的饥渴和追求心灵"的文化,它以满足人们的情感需要、自我实现需要为主要目标。

在这样的时代背景下,商业竞争主要表现在营造一种更加美好的体验以吸引用户群体,体验成了商业的附加值。我们平时使用电脑浏览网页,使用智能水壶提醒喝水,餐厅排队候餐,使用滴滴打车服务,按照交通信号灯经过人行横道,使用手机地图导航,打卡(刷脸签到)

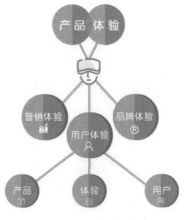

图 2-1　用户体验的内容

上班,使用健身器材锻炼身体,打开家庭影院看电影,使用App预订酒店,在机场办理登机手续,去银行转账汇款……每天,我们都在和体验打交道。按照体验内容的不同,可以分为营销体验、品牌体验和用户体验(见图2-1)。

国际标准(ISO 9241-210:2010)对于用户体验的定义是"用户在接触产品、系统、服务后,所产生的反应与变化,包含用户的认知、情绪、偏好、知觉、生理与心理、行为,涵盖产品、系统、服务使用的前、中、后期。"(见图2-2)此定

图 2-2　用户体验的定义

义指出了用户体验的两个特点：其一，用户体验是一种主观感受；其二，用户体验是伴随着产品使用的整个过程。用户体验一词适用于很多产品、系统或服务，它包括产品体验、交互界面体验以及服务体验等。产品体验重点在于硬件产品要融入生活场景中，既要保持用户的直觉，又超越用户预期，带给用户印象深刻的使用体验；交互界面体验重点在于软件界面与用户之间自然流畅、符合使用习惯的交互体验；服务体验重点在于服务中为顾客创造并提供独特的、美好的感知体验。由于用户体验是用户使用产品过程中的一系列主观感受，感受是难以度量的，具有个体差异性。但对于一个明确的用户群体来讲，用户体验过程中也具有很多共性特征，这些是能够通过用户体验调查和相应的实验来获取的。在产品的设计前期阶段便需要引入用户体验共性的研究，而在后续设计过程中，用户可以直接参与并影响设计，不再是原先那种被动地等待设计结果。在用户体验过程中，用户接受产品应该是一个自然而舒适的过程，而设计师在设计阶段也应以满足用户的需求为前提，为用户开拓更多的产品体验，从而使用户喜爱甚至依赖产品，这是一个循环有利的体验设计过程（见图2-3）。由此可以看出，用户体验设计是以服务用户为核心的设计，真正地体现了设计与用户的互动性，保证了用户的实际需求。

图 2-3　用户体验设计流程

2.1.2　用户体验设计的要素

在使用产品或服务时就能感知到互动过程中的效果，若要创造"对用户友好"的互动关系，需要考虑产品、体验、用户等相关要素：

◎ 1.产品

产品开发不仅要关注产品将来用作什么，更要考虑产品如何工作，减少产品使用中的"认知摩擦"，让用户使用起来得心应手是体现其友好的一面。多数产品可以从外观、操作性和内涵三个层面来理解，根据需求不同，产品在三个层面各有侧重。产品外观表现在造型特色、式样、材质、颜色等方面；操作性表现在为满足某种功能或利益而进行的一系列行为过程；内涵表现为更高级别的长远利益，是用户在使用产品之后获得的体验和其内在的特征，包括体验的感受、传递的文化和精神的内在价值等。（见图2-4）

图2-4 VR产品体验设计要素

在VR产品的设计中，VR头显需要舒适的佩戴体验和清晰的观看效果，以此来提升整体的虚拟现实体验。因此，在外观的设计和选择上要得到更多的重视。为了带来更好的用户体验，材质要尽量温和、贴合肌肤，佩戴的时候应轻盈自然，没有负担。科技感的外观和色彩也能让用户更自然地接纳产品。

在操作性上，更需要贴合用户行为的，则是手柄。手柄就像把用户带进虚拟现实的魔法，能把现实世界中的姿势与操作变为虚拟世界的行为。它侧重于人体工程学方面的设计，符合人手的操作习惯，将手持设备与虚拟环境中的握持方式结合统一，提供自然流畅的操作体验。不会加重用户学习的记忆负担。而对于新用户来说，给予恰当的操作提示和反馈也是需要考虑的一环。

图2-5 VR体验场景

而在产品内涵方面，VR头显和手柄能让用户打开虚拟现实的大门。广阔的想象空间能扩宽用户的知觉，不仅能重现真实的环境，也能把脑海中构想的客观不存在的环境变成触手可及的世界，由此带来的身临其境的沉浸感也能丰富产品的内涵。（见图2-5）

◉ 2. 体验

体验通常是由于参与或者观察某些事物所产生的感受，不论是真实的还是在虚拟空间的事物，都会带来相应的感受。它关系到用户的感官、情感、情绪等感性因素，也会包括知识、智力、思考等理性因素，并受到不同文化背景和精神形态的影响。体验的基本反馈可以从一些情绪描述的语言中看出，常见描述美好体验的语言有：聪明的、喜欢的、感人的、刺激的、引人入胜的、值得赞赏的、一眼就爱上了、难忘的、难以自拔的等；常见描述不好体验的语言有：愚蠢的、狗血的、憎恨的、讨厌的、让人沮丧的等。借用唐纳德·A.诺曼《设计心理学3：情感化设计》中的观点[1]，体验可分为三个层次，它们分别是：感官层、行为层和反思层。感官层的体验是指产品在外观上给人的感觉，比如看起来如何。影响感官层面体验的主要是产品的外观形式感，因素包括产品的造型语义、材质感觉、表面肌理、产品配色等。感官层的体验在用户开始接触的一瞬间就能留下体验的感觉，而行为层的体验是指产品使用过程中的体会，它是一个由浅入深的过程，需要通过用户的使用才能形成全方位的体验感受。以Daydream为例我们可以比较直观地进行分析（见图2-6）：

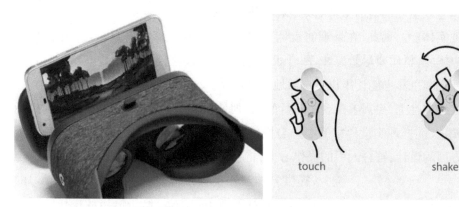

图 2-6　Daydream 及其使用方式

○ 功能

产品功能一般是指这个产品所具有的特定职能，即产品的功效或用途，简单来说就是这个产品可以做什么，从而实现用户对产品的基本需求。 Daydream Ready手机和Daydream View在使用前会自动匹配，让用户明晰地知道其功能。

○ 易于理解

易于理解、易于使用的设计才是好的设计。设计师借助一些语义元素表达一定的产品使用信息，促进用户与设计师进行交流，确保行为的顺利发生，使得用户在使用过程中获得美好的体验。合理有效的语义信息能引导和帮助用户更好地理解产品、认识产品并熟练使用。只有用户看懂和理解产品的运作思路，把产品的控制权紧握在自己手中，用户在行为体验中的自主性才能得到提升。Daydream遥控器触摸区是一个凹陷的圆形区域，视觉上暗示用户操作的方式，即可通过手指在其上实现触摸、滑动、点击操作等交互行为。遥控器的音量被放在了侧面，符合大部分用户操作手机音量的习惯。

◦ 可用性

初次使用特定工具去实现某种任务时,熟悉使用方式难免需要有很多试错与纠正的过程,逐渐才能领会它的使用要领。如果没有留给用户修正的机会,不考虑他们的认知因素,太过于复杂以至于让用户产生消极的情绪从而放弃使用,或是始终无法学会正确的使用方法,这些都会导致产品不可用。产品要是从设计之初就没有考虑好用户使用时的场景与感受,仅凭臆断,那么后期产品落地后出现使用的尴尬情景也就不足为奇了。Daydream通过遥控器内置的运动传感器控制Daydream View的视野交互,可使用多种动作进行交互,使用户体验到不同场景。

因此需求是交互的目标——只有满足用户某种需求的产品,才能成为用户使用和交互的对象。易于理解是产品向深层次发展的关键——只有容易让用户明白如何使用的产品,才能留在用户身边。而可用性是用户感性体验的更高层次——只有使用自然顺利,不发生困惑的产品,才能赢得用户的好感。

通过对产品行为体验进行深层次的剖析与思索,抓准产品功能定位,易于理解和具有可用性的设计可以让用户体验在情感上得到升华并逐步建立用户对产品的依赖感与忠诚度,这也是用户与产品实现"交互"的关键所在。一个产品在用户的第一印象中如果无法满足其对功能的需求,在后续的使用过程中对产品使用感到困惑,那更深层次的反思设计也就无须考虑了。

反思层的设计旨在让用户在一个体验过程中能获得新认识,拥有好的感受,并且能进行自我总结形成特殊的记忆和经验,这种层次的体验往往能打动人心,让用户"触景生情",并且在一定时间内还想再去尝试;对于设计服务方的企业来说,让用户有好的产品体验,并从中获得对品牌的认可,自然而然就会有更多的传播。

◎ 3.用户

体验与用户本身和使用产品的情况有很大的关联,按照用户与产品关系的密切程度一般可分为浏览者、参与者、探索者等三个层面。了解不同层面的用户特点,能帮助设计师更好地围绕用户需求进行改良与设计。浏览者往往被看作产品使用的初学者,这个层面较多地关注外观和产品的表层形式;参与者更多地关注产品的使用过程;而探索者担当着产品中的专家用户,他们熟悉产品的结构与内涵,关注产品的发展与迭代。

VR用户体验研究涉及以上所有的体验要素（见图2-7），在体验的三个层次上各有侧重，VR体验感官上更加丰富，可以说是帮我们打开了超越时间和空间的知觉体验,成为我们深入认知这个世界的工具。VR体验在行为层上的互动体验将会打开我们的想象力之窗,满足我们儿时的梦想;我们可以通过肢体与VR设备互动,感受步行、速度、飞行、失重等体验;我们也可以通过操作VR设备感受超越现实的特技效果。VR体验也将更加注重用户的沉浸式学习和个人自我价值实现的反思层体验,培养用户对其体验的黏性需求。

图 2-7 产品、体验和用户的关系

VR用户多以参与者和探索者的身份参与其中,一旦进入即可以通过用户的本能领略到VR操作要点,满足自我探索的无限乐趣。在后续体验过程中,用户关注技术的发展进步,或者通过个体体验信息的反馈帮助产品进行迭代发展。

2.2 VR用户体验的变迁

用户和设计师长期以来习惯于在二维界面上进行交互,视觉交互的范围受到页面尺寸的局限,界面内容也不会因视角变化而不一样,他们对于二维界面上内容表达的规范和任务的处理流程都相当熟悉。而VR带来了不同维度的空间度量——全环绕和封闭式空间,其最大的特征是可以将用户带入震撼人心的现场,就像正在亲身经历这件事情。这种沉浸式的体验大幅度地提高了用户的体验感知,给用户带来一个个的惊喜。

VR用户体验是融合硬件操作与软件界面于一体的多感官通道用户体验,在信息获取、信息互动、情感体验、记忆体验、空间维度、用户情境、交互方式等方面都有与传统用户体验不同的层面。(见图2-8)

VR用户体验的特性表现在以下几个方面:

◎ 1.视野维度的变化 ----------------------------

视场角 (Field angle, FOV),指人眼能看到画面的角度（见图2-9）。人们习惯于把眼球所能看到画面的最大角度作为真实世界给我们的体验,不同尺寸的屏幕给我们带来的视场角与我们自身视野的视场角之间的重叠部分越大,我们越容易认为它是逼真的。即视场越大,带来的沉浸感则越强。视场大小在用户体验上的差别就如同你在手机上看电影和在 IMAX 厅看电影的差别。

与二维平面上的视场角相比,VR视场角更大,因此具有更好的沉浸感。有了大视场,再加上跟随用户目标方向的实时渲染就有了虚拟体验的必要基础。VR视场角与人眼的最大视场接近,在画面边缘没有黑色的盲区,用户的沉浸感体验将会达到最佳。(见图2-10)

VR将立体的三维空间引入到了虚拟世界当中。与二维的界面设计相比,VR界面设计还需要考虑深度,也就是视觉元素离人眼的距离。深度越深,视觉元素就会不清晰,阅读信息会变得困难;而深度越浅,就会给人眼的聚焦带来负荷,容易产生视觉疲劳(见图2-11)。

图 2-8 虚拟现实体验

图 2-9 视场角 (Field angle, FOV)

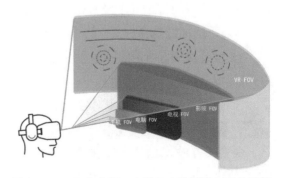

图 2-10 VR 和电视、电影、电脑屏幕、手机屏幕 FOV 对比图

深度暗示可以通过很多视觉元素的线索对人眼进行欺骗,从而按照深度顺序的视觉排列。暗示VR世界深度的线索有很多种类,比如近大远小的透视信息暗示;空气湿度使远处景物的对比度降低从而形成的大气暗示;由不同焦点清晰度变化带来的聚焦暗示;光源被物体遮挡形成的阴影暗示。这些线索暗示都为深度的级别提供了重要提示。

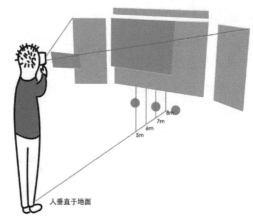

图 2-11　VR 深度距离研究

在与界面进行交互的过程中,所有界面元素的深度暗示和谐工作,避免线索间的不一致。现实中我们可以利用视错觉的原理进行一些设计,从而达到出乎意料的艺术效果,在虚拟世界中也是如此。

为了三维体验与现实世界的良好对应,避免出现用户在虚拟现实中看到的视野高度与虚拟世界中的高度不匹配的情况, VR世界需要配合用户习惯的一个视觉角度,用户在现实世界中坐着,在虚拟世界中也是保持坐着的状态,看到的也是坐姿状态下的视野内容。

VR世界再没有所谓的界面边缘能够约束我们,每个方向上的空间与纵深都成为无限。就像处于现实的世界中一样,虚拟对象自由地分布在虚拟环境的任意位置,人们会根据自己的经验来对各个交互对象进行操作。

◎ 2.信息互动方式的变化

众多交互技术的进步支撑了VR互动从构想走向了现实。(见图2-12)

信息交互方式发展经过了程序交互、机械式按键、鼠标键盘交互、传感器交互、二维触摸屏交互、语音交互、体感交互、可穿戴设备交互、VR头戴式眼镜交互等过程。

图 2-12　信息互动方式的变化

人机交互则经过了鼠标操作、多点触控和体感技术的三次革命性突破,包含了图形交互、语音交互、体感交互等技术。

而VR领域中的核心交互技术涉及多感知交互技术,它主要分为动作捕捉、3D光感应、眼动追踪、语音交互、触觉技术、嗅觉及其他感觉交互技术、数据手套和数据衣、模拟设施等等。(见图2-13)

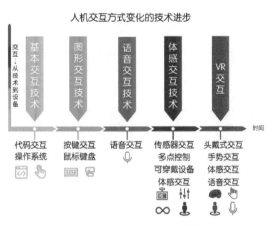

图 2-13 交互方式的变化

VR互动最简单的情况是使用按钮选择、抓取和放置对象,比如使用外置手柄等蓝牙设备进行交互操作。手柄之于VR就相当于鼠标键盘之于电脑,是为了VR体验中手部局部追踪带来更好的操作体验。这类交互方式的优势在于手柄操作是我们比较熟悉的操作方式,即使眼睛没有注视手柄时,也能够准确地控制按键。另外,也将需要抬手的操作变为只需动手指的操作,动作幅度变小,也意味着使用时间和舒适度也会增加。[2]

◦ 动作捕捉

动作捕捉可以实时测量并且记录人体在三维空间中的动作,包括姿态和手势、运动轨迹等,将这些转化成数字化的数据,驱动虚拟模型的运动,运用到虚拟现实中,从而实现虚拟世界中的自然交互(见图2-14)。动作捕捉的主流技术主要分为光学动作捕捉和非光学动作捕捉。

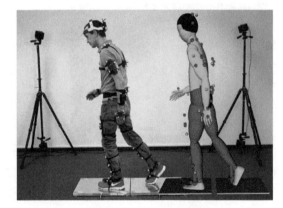

图 2-14 动作捕捉

◦ 行走模式

行走模式(一种视点控制形式)就涵盖了多种使用腿部运动的互动技巧(见图2-15),包括使用HTC Vive时真正的走路,The Void使用的重定向行走(利用感觉欺骗大脑,引导用户行动的路径,大脑感觉是在直线行走,实际上身体是在一定

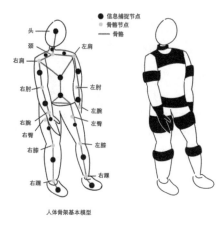

● 信息捕捉节点
● 骨骼节点
— 骨骼

头
颈
右肩　　　左肩
右肘　　　左肘
右腕　　　左腕
右臂　　　左臀
右臀
右膝　　　左膝
　　　　　左踝
右踝

人体骨架基本模型

图 2-15　行走模式

范围内曲线循环行走）。

○ 手势追踪

手势追踪主要分为光学追踪和佩戴传感器追踪。Leap Motion 是光学追踪的一种，通过双目摄像头采集用户双手的左右图像，再经过立体视觉算法生成深度图像。手势追踪的运用可以在虚拟世界中对用户想要表达的手势语义或是交互行为进行判断，从而引导用户去理解并使用虚拟世界里的交互对象。（见图2-16）

空间模式（静态手势）

图 2-16　手势跟踪

○ 眼球追踪

眼球追踪，又可称为眼动追踪。当用户的眼睛看向不同的方向时，眼球就会发生细微的变化，产生可以提取的特征（见图2-17）。通过相关设备捕捉、跟踪这些特征，估算用户的视线变化，从而在虚拟世界中产生交互的可能性。眼球追踪这种交互模式相对于传统的机械操作来说，具有更高的精

图 2-17　眼球追踪

准性和更低的延迟。目前主要使用的有光谱成像和红外光谱成像两种图像处理方法。

○ 触觉技术

触觉技术，就是触觉反馈技术，它能通过对用户施加作用力、震动等动作让用户再现触觉，产生更加真实的沉浸感。相比于电子触感、神经肌肉模拟等反馈技术，气压式和震动触感是相对较安全的方法。气压式反馈通过计算机对气压进行

调整,模拟手和物品触碰时的感受;震动反馈通过让声音线圈或是状态记忆合金制成的换能装置发生形变,模拟物品的光滑度、触感等表面特征。通过模拟形成的触觉反馈能让用户的大脑产生对应的皮肤觉、运动觉和触觉,被广泛应用于游戏行业和虚拟训练行业。(见图2-18)

图 2-18　触觉技术

○ **语音交互**

语音交互的目的是让人与计算机能通过语言内容进行对话,实质是计算机对人类语言的深度学习和模仿(见图2-19)。一个完整的语音交互系统包括对语音的识别和对语义的理解两大部分,不过人们通常用"语音识别"这一个词来概括。语音识别包含了特征提取、模式匹配和模型训练等方面的技术,涉及的领域很多,包括信号处理、模式识别、声学、听觉心理学、人工智能等。语音交互使人与计算机之间的沟通变得非常简单和省力,应用的空间和领域相当广泛。

图 2-19　语音交互

○ **传感交互**

传感交互是指通过各种传感器来实现的交互技术,包括温度传感器、压力传感器、视觉传感器、激光追踪系统及其他感觉交互技术(见图2-20)。例如通过在头戴式设备中加入加热和冷冻装置、喷雾装置、震动马达、麦克风、能提供气味的可拆卸气味发生器,可以模拟嗅觉从而使VR世界更加真实。

交互设计发展经过了一个由机械到智能,由适应机器到以人为本的过程,其发展都来源于技术与人性的碰撞。技术革新和智能硬件产品的升级,都会带来重大的VR交互方

图 2-20　激光追踪系统

图 2-21 发展变迁的展望

式变化,未来VR交互方式的发展将朝着更加智能化和自我优化的方向发展。VR将促使人类交互方式从二维向三维的大跨越,方便人们更好地生活和享受娱乐。

现有的VR交互方式包括按键操作、动作捕捉、语音识别、手势跟踪、眼球追踪、触觉反馈、传感交互、嗅觉和其他交互方式。未来还会实现脑机接口、意念控制、混合现实操作、多通道交互、多人交互、与彼此互动、甚至自如地传递东西。VR的载体可能变成虚拟智能助手、虚拟智能建模等。(见图2-21)

◎ **3.虚拟空间的侵入**

当用户佩戴头显时,感觉瞬间被传送到一个虚拟世界,并在虚拟环境中获得角色代理。虚拟世界提供给用户在社会环境中扮演不同角色或表现不同性格的机会,人的行为将根据角色的虚拟特性而改变。在视觉外观上:通过用户眼睛看到角色的造型。在听觉外观上:角色声音与用户的声音、语言和语音模式的匹配。在行为外观上:角色的动作与肢体语言、步态、面部表情与用户行为的匹配。用户代理角色以后,能够站在角色的角度上来体验这个世界,从而产生一种对角色的同理心。VR角色通过对用户生理和心理上的暗示,用户能够达到与角色共情,从而充实我们对不同角色生活的体验。

当这种角色是我们的同类——人类朋友和亲人时,VR可以作为一种将人类连接在一起的工具。我们身边的这些人,个体之间的生活轨迹基本都是孤立的,但我们却可以借助成功的VR互动机制来拉近彼此的距离。在虚拟现实世界中,我们可以和家人或同事一起吃饭;让孩子们在操场上一起玩游戏;或者与朋友家人聚在一起度假和庆祝生日。这种VR的交互可以集中于有针对性的一些活动,比如各种聚会等。虚拟空间完美地接入我们的生活,拓展我们生活的丰富性。

当用户结束虚拟现实体验并摘除头显返回到现实世界时,通常需要有几秒钟到几分钟来重新适应环境。在VR体验开发过程中应该考虑到用户对声音和自然光线回归的适应能力并通过设计以使用户平滑过渡回到现实世界。

◉ 4.情感的体验 -

对于一些用户来说,虚拟身体不同于自己的现实的身体,在虚拟空间中可以得到全面解放。它允许用户倾诉自身的禁忌束缚、灌输勇敢和冒险的思想。这可能会让他们脱离现实世界的限制或疾病。虚拟体验提供比现实更好的机会,体验现实世界中没有的功能。比如模拟飞行的VR虚拟体验中,可以通过用户推动机械翼飞行来模拟飞行,这个过程中,风扇模拟与飞行速度成正比的风强度,整个身体也随之倾斜,从而真正感受飞行。

人是一种感官综合体,通过精心控制人体接收的感官刺激,让人体本身的应激程序自动做出预期反应,从而可以操纵人的情感和行为。虚拟现实技术的强大力量,正是源于它对人的感官控制和有效刺激,从而轻易唤起人们强烈的情感共鸣与行为互动。

2.3 VR带来的全新用户体验

虚拟环境带来的用户体验主要指用户在由一个物理控制的模拟环境中的体验感受。物理环境的仿真程度会是形成沉浸体验的基础,虚拟环境中的多感知交互设计会加深这种体验,而其中的即时反馈更加强了用户对虚拟环境真实性的肯定。此外,构想空间也会继续升华对体验的深度认知。

VR空间与我们平常接触较多的二维界面的用户体验在形式和内涵上都有很大的不同与飞跃。虚拟世界中用户的行为模式有别于用户平面上的行为方式,操作环境的复杂性将大幅度提高,因此虚拟世界用户体验的衡量标准也将有所不同。VR虚拟现实用户体验的三个最重要的特性分别是:沉浸感、交互性和构想性[3](见图2-22)。

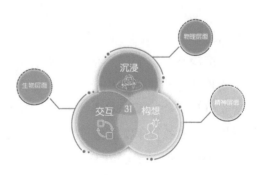

图2-22 VR体验的特征

2.3.1 沉浸感

沉浸感又称之为临场感,是指用户作为主角存在于由计算机程序所创建的一个虚拟环境中,用户在这个虚拟世界里已经难以分辨环境的真实与否。在这个体验过程中,用户的身体仿佛被投影到了这个计算机三维空间里,感受着身临其境的没入感。观众由真实世界的观察者变为虚拟世界的参与者,用户在其中可以通过做选择对结果产生影响。产生临场感的状态需要通过视听觉媒体,感觉到"快乐""气势""动感"等一些带动情绪的内容,就会有在现场体验一般的感觉。而现实感可以带来深度的沉浸感,现实感比临场感具有更高的对于感官方面灵敏度的要求,听觉内容的声音和影像配合的时间差对现实性的影响更大。打造虚拟世界的现实感需要刺激用户的五感,调动用户各方面的感官信息,让用户全方位多感知沉浸在虚拟世界中,最终占据虚拟世界的主动权。

在观看传统电影时,观众坐在电影院里,手捧爆米花,一边吃一边观看电影,还可以时不时地和旁边的伙伴讨论电影剧情,以及安全出口亮着的指示灯等。在整个观影过程中,这一切都能让观众明确地认知到自己只是在真实世界里看着故事的内容、演员的表演。而虚拟现实技术的沉浸感源于对观众的视觉、听觉、触觉等感官的完全包裹,将观众控制在虚拟现实技术构建的空间之中,如同身处在真实世界里看到周围所发生的一切变化,将观众真正地从现实环境中剥离出来,使其完全置身于虚拟的世界,让观众以为真实空间与虚拟空间的分界线消失了。(见图2-23)

沉浸感的影响因素很多:虚拟环境中物体在运动或与用户交互时需要遵循现实世界的物理运动定律(见图2-24);虚拟世界中各种深度信息的和谐一致,符合人眼识别的习惯;VR的FOV视野接近人眼的最大观察视角,达到全包围的视野宽度;VR跟踪和视野渲染之间的时间差保持在人眼识别的阈值下,避免产生眩晕;VR硬件交互设备与用户交互上的人

图 2-23　传统电影与 VR 电影的不同沉浸感

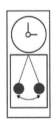 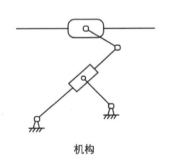 

钟摆理论　　　　　机构　　　　　重力

图 2-24　物理定律

机关系符合VR中情景道具的使用设置,这样可以减少学习设备使用的认知成本并且不会让用户在操作过程中产生与现实世界不配套的心理暗示;知觉信息除去视觉上的沉浸式体验,还包括听觉感知、味觉感知、嗅觉感知、触觉感知、运动感知等方面（见图2-25,图2-26）,多感知性的传达可以真正消除虚拟世界和真实世界的分界线并使用户陷入深度的沉浸之中。

图 2-25　嗅觉　图 2-26　味觉

● 现实感

视觉占据了VR技术很大的一部分,而听觉也是其重要的组成部分。人类能够判断靠近方向,就是音波到达耳朵时间有些微差异,让大脑分析声音来源,比如由远及近的救护车。VR技术必须让声音随着头部转动,让声音跟着转换,才能真正达到临场感。

同理,触觉也很重要。触觉是第一人称的感觉,只能看见听见的空间和物体就像幽灵一样,只有一旦人触碰到一个东西,人才会有这是实物的实感。还有,能够触碰到什么或被触碰到的时候,人们才会第一次意识到自己就存在于现场。

嗅觉和味觉的VR研究也在进行,迄今为止人们都认为想要在VR中再现香味的话,组成香味的各种种类的化学物质都是必要的,但最近的研究发现,视觉和听觉组合起来引起脑的错觉,可以用同样的化学物质让人们感受到复杂的不同香味。这被称之为感觉间相互作用,通过用户知觉的相互作用影响从而得到各种各样的感觉,但这种感觉是可以从用户以往认知中调取的。

2.3.2 交互性

◎ 1.自然的交互方式——依赖本能的存在 - - - - - - - - - - - - - -

VR交互方式更加自然和流畅（见图2-27),用户带着一定的需求目的在虚拟现实世界中以更加直观真实的方式获取信息,进一步凭借本能进行一些交互操作,更可以把抽象的交互结果呈现在直观和富于变化的三维空间界面上,最终把可以看见的真实转化为可以触摸到的真实。这个过程降低了认知负荷和学习难度,用户不需要学习开发者预先设置好的操作,也不需要借助键盘和鼠标,就能直接与机器互动。这样一种与图形用户界面截然不同的无形的、自然的交互界面被称为自然用户界面。（见图2-28）

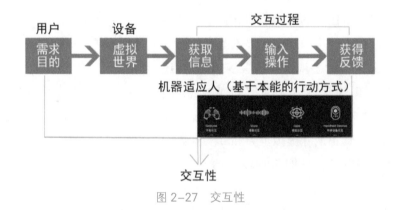

图 2-27　交互性

图 2-28　自然用户界面

通过对视觉、听觉、触觉、嗅觉和味觉等人类本能的多种感知渠道输入外部刺激,全景式呈现虚拟场景,我们和计算机的交互能够借用这种环境假象进行自然的交互。这些感官通道和我们对它们刺激的反应（感觉的形成）是生物选择和进化的结果,形成了人类的本能。在计算机图形化交互阶段,我们其实已经对人类本能进行学习并加以应用了,只是来到与虚拟现实的交互阶段,我们可以完全凭借感性直觉与计算机进行交互,现有的手势控制、运动感知控制或自然用户界面都在努力实现一种与人之间更加自然的交互方式。(见图2-29)

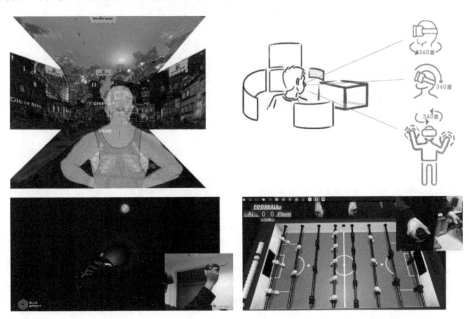

图2-29 VR中自然的交互方式

◎ **2.信息传达**

3D多通道多维度的信息传达,更加直观高效。用户获取信息的方式由有界限的屏幕转变成空间立体展示,信息的可读性、易用性、引导方式和感染力在多维度交互场景下都大有可为(见图2-30)。配合VR情景核心内容的走向,VR用户界面可以用光、运动、声音和空间来吸引人们的注意力。面积越大、颜色越鲜艳,用户自然越容易发现;立体环绕声音的暗示也会吸引用户的注意力;展现的动画情节也会更加引人耳目。就像一个设计良好的网站同样会使用颜色、距离和排版来明确传达一个目标,说服用户做某种点击、关注行为一样。光、色和运动的视觉元素更加自然地吸引我们的注意,同样声音、触觉、嗅觉和味觉也是我们获取信息的判断依据。这些更为自然的传达信息的响应方式,更加容易说服用户作出某些行为(见图2-31)。用户在轻松高效的环境中容易拥有高昂的情绪,投入更多情感,回应虚拟现实也会变得容易得多。

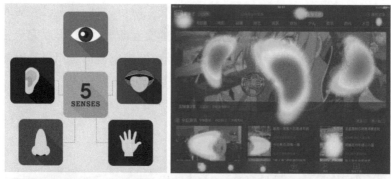

传达方式	技术复杂度	人机舒适度	传达效率	使用场景限制	出错率
平面视觉处理法则 （面积、颜色、阴影）	★★☆☆☆	★★☆☆☆	★★☆☆☆	★★★★★	★★★★☆
立体环绕声音	★★★★☆	★★★★★	★★★★☆	★★★☆☆	★★★☆☆
运动的物体	★★★★★	★★★★☆	★★★★★	★★★★★	★☆☆☆☆
光线、空间明暗	★★★★☆	★★★☆☆	★★★★☆	★★★★☆	★★☆☆☆

图 2-30　信息传达的多通道性以及传达方式的对比

◎ **3. 操作**

　　让用户更容易和自然地进行操作和控制，借用直观而具有映射关系的互动方式，获得有效和流畅的互动感受。满足新手用户、主流用户和资深用户等不同层次的用户人群，根据用户的状态和想法在不改变核心内容的前提下给他们自主定制部分功能的操作空间，引导用户

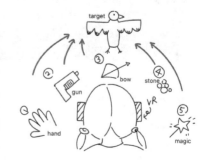

图 2-31　操作方式

对VR场景体验的主动性探索。通过与现实中一样的交互方式（移步换景、手舞足蹈、交头接耳，见图2-32所示）一步步体验VR，交互方式与VR情节环环相扣，操作过程中将不会对画面动态和信息流产生破坏感，引导用户在不知不觉中达成体验目标，并在这个流畅而且愉悦的过程中深入体验VR世界中的真实存在感。真正做到直觉化操作，减少学习操作的时间。

◎ **4. 反馈**

　　反馈能让用户理解控制的即时结果，让操作更为准确，因而"行为反馈"会使人产生更加逼真的感官体验。用户穿戴上虚拟现实设备，通过计算机计算渲染

图 2-32　移步换景　交头接耳

并实时地将虚拟物体的属性传递到用户的感觉器官,如皮肤、手、耳、眼睛等身体部位,用户就可以触摸到虚拟空间中的物体,抓取虚拟物体时,能够感受到物体的重量、大小、材质质感等,产生与触碰真实物体时相似的触觉感受。来自波茨坦的Hasso-Plattner研究所则展示了这样一套VR触觉系统,通过肌肉的电刺激让用户在VR情境中体验到触碰墙壁或是提拉重物的真实感。(见图2-33)

随着观众身体部位的移动,虚拟物体也会产生相应的运动和位移,并作出同样的条件反馈,使观众相信这与现实中的物体一样。(见图2-34)

VR试图为人类和计算机设计一个交互的接口,基于人的本能,它们将更易于使用,为计算机与人的交流提供了更有效的机会。虚拟现实就是一种先进的计算机用户接口,它通过给用户同时提供诸如视、听、触等各种直观而又自然的实时感知交互手段,最大限度地方便用户的操作,从而减轻用户的负担,提高整个系统的工作效率。

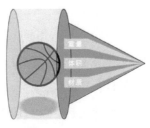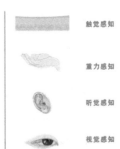

图 2-33　触觉反馈系统　　　　图 2-34　物体属性的感受机制

2.3.3　构想性

　　构想性是指在虚拟环境中，观众可以任意发挥想象力，所幻想的虚拟环境内容完全不受真实世界的物理性规律的限制，即使是在真实世界中无法出现或感知的环境内容，都可以在虚拟世界里被呈现。用户可以将自己脑子里构想的事情成真，以自己的意图改造虚拟世界，所有的事物都可以被创造性编码。虚拟体验的构想性更容易发挥主体的创造性，增强主体自主性，有利于提高人类的认知能力和学习能力，有利于人类社会的进步和人类自身的解放。虚拟世界中感知方式发生了变化，从依靠自己直觉和经验变为借助更多辅助和支持，解决问题更为成熟和富有创造性。构想性影响一个方案的落地过程，缩短了想像到方案构思的距离，让每一个好的想法都能快速呈现出来，直观和全面地创造出好的感情共鸣并留下深刻的印象。

　　究其根本，人类具有的想象力是创造的源泉，虚拟影像里的想象构建可以超越现实的环境，帮助人类提升认知未来世界的程度，为各行各业的发展创造提供了更多的可能性。虚拟现实数字影像可以超越这一切，创造一个新的完美的环境。（见图2-35）

图2-35　构想的内涵

参考文献

[1] 诺曼.设计心理学3:情感化设计[M].北京:中信出版社,2015.

[2] VR设计云课堂.VR设计专业本科生入门必修课03[EB/OL].（2017-02-21）[2018-03-03].https://www.jianshu.com/p/a8411bbfc9a0.

[3] Burdea G. Virtual reality systems and applications [J]. En: Electro'93 International Conference. Short Course, Edison: Nueva York, 1993: 28.

第3章
虚拟世界的
人机工程学

人机工程因素是创造一个舒适的虚拟世界所必须考虑到的要素。VR硬件产品与VR体验产品都应该符合人性化设计的基本原则。理想情况下,对VR硬件产品来说,使用过程应是方便的、简洁的、舒适的、安全的;进行VR体验时,用户的生理感觉、心理感受也应是和谐而统一的。只有这样,才能强化虚拟世界的沉浸感,而后进一步达到VR产品开发的目的。VR产品存在其自身特殊性,需要重点考虑的人机工程因素主要包括了哪些方面呢?

3.1 舒适度

VR舒适度对VR产品来说至关重要。由于人的身体对外界环境相当敏感,舒适与否会直接影响用户对于VR产品的感受,进而决定继续或是终止体验。而舒适度又可分为两种:VR硬件舒适度和VR体验舒适度,以下将分别进行分析。为了明确范围,这里对VR硬件的讨论将集中于VR穿戴设备,不包括电脑、环绕式屏幕、外置音响、配套的座椅等。

3.1.1 VR硬件舒适度

现阶段,VR穿戴设备的核心是VR头显,大部分体验可以通过佩戴头显,并手握控制器进行控制来完成。若希望获得更强烈的沉浸感,可以通过穿戴数据衣服套装、手套等进行体验。作为体验的主要载体,VR头显的硬件舒适度是最为关键的。根据不同的使用方法,VR头显设备主要有三种类型:外接式头显(需连接主机)、移动端头显(俗称手机VR)和一体机头显。外接式头显需将其连接电脑进行体验;移动端头显需要放入手机进行体验;而一体机头显,包含独立CPU,具有输入、输出、显示功能,无须搭配其他设备,可以直接进行体验。三种类型的头显设备的外观和佩戴方式具有相似性。

外接式VR头显中,目前市场上的三大品牌——HTC Vive、Oculus Rift和PlayStation VR,可以算行业的领导者,以它们为例可以反映出外接式VR头显的佩戴舒适度。这些产品均使用较轻的材质,主要由头顶、鼻梁和双耳来承重,与头部直接接触的部分基本都是软性材质,一定程度的弹性设计和调节范围对

图3-1 VR头显HTC Vive Pro佩戴图

用户头型和脸型都没有过多要求(见图3-1),一般情况下短时使用(30分钟以内)用户舒适度体验感觉良好。但这些VR头显也存在一些普遍性的问题:比如,由

于头显的形态限制，对佩戴框架眼镜的用户并不友好，在佩戴眼镜的基础上使用，对鼻梁、耳朵还有太阳穴部位的压迫感较大。若眼镜宽度较宽，则完全无法戴上头显。对普通用户来说，如果使用时间较长，收到的意见反馈普遍有这几点：（1）耳朵上方压迫感较明显；（2）眼睛和额头存在一定压迫感；（3）头部与头显接触面容易闷热出汗。另一方面，由于外接式头显需要连接电脑主机，缠绕的电线不仅会影响舒适度，在一些移动式VR体验中也许会因为走位和转身带来安全隐患。

移动端头显在使用时，除自重外，需要承载手机的重量。移动端头显的代表性产品——高配版本如Google的Daydream（见图3-2），佩戴时用可调节的弹性带固定于头部，与上文提到的外接式头显相比，缺少了头顶受力点，在舒适度上略低于外接式头显，同时也存在与外接式头显相似的一些问题。据用户反应，短时间内使用（20分钟以内）体验良好，但佩戴时间延长后，会感受到更强烈的压迫感。而低配版本如Google的Cardboard，用户体验时需要用双手将其放置于眼部，仅适用于短时（10分钟内）体验，否则用户的手臂会感觉酸痛不适（见图3-3）。

图 3-2　VR 头显 Google Daydream 佩戴图　　图 3-3　VR 头显 Google Cardboard 使用图

一体机头显与外接式头显的外观和佩戴方式较为相像，只是由于处理器合成于其中，重量相较于后者较重，但使用时的体验舒适度两者基本一致。比如，一体机头显的代表性产品——Oculus Quest就与同品牌的外接式头显Oculus Rift非常类似。同时，一体机头显和移动端头显不需要连接外置设备，不存在电线问题，虽然画质和处理速度等不如外接式头显，但使用方式更为便捷（见图3-4）。

未来的VR显示设备，预测将会往更轻、更小、更便于佩戴的方向发展，也会根据不同人群的需要进行调整。据业内专家判断，一体机头显最有可能成为今后普及的家用VR产品。

图 3-4　VR 头显 Oculus Quest 佩戴图

同时，数据手套、体感套装等也是近年来的热门新产品。因为要获得真正沉浸的 VR 体验，触觉反馈也是一个不应被忽视的重要因素。一些公司已经率先在此方面开展研究，比如，NullspaceVR 旗下的 Hardlight，韩国团队 bHaptics 的产品 TactSuit 等（见图 3-5）。其中，bHaptics 的产品 TactSuit 体感套装（面罩、背心和一对袖套组成）共有 87 个反馈点，由偏轴转动惯量震动马达驱动。反馈点分布在面罩、背心前后以及袖套，密集的排布方式可以达到更精细、具体的触觉反馈效果，比如实现 VR 游戏中的切割、划过触感等。可以模拟出在 VR 体验中身体受到的触觉反馈，如刚体碰撞——撞到头部、背部等，武器攻击——中枪、被刀滑伤等，以及其他的受力体验——枪支后坐力、武器反弹力等。

由于需要用户将这些体感套装穿戴在身上，必然要求其不能过于笨重和坚硬，并且体感套装的材料需要有一定透气性，因为这些因素会影响用户的使用感受和身体运动的灵活度。同时，为了适应不同身材的用户，体感套装的尺寸大小应有所不同，或具有调节功能，否则反馈点产生位移，触感的效果会有影响（见图 3-6）。

	TactSuit	Hardlight SUIT	Teslasuit	ARAIG	Woojer	Subpac
执行器数量	87	16	46	34	6	2
可编程性	+++	+	++	+	-	-
无线	O	X	O	△	O	O
震动	感觉不到	-	感觉不到	-	> 40ms	> 40ms
价格	< $349	$549	> $3,000	$800	$349	$349

图 3-5　TactSuit 体感套装　　　　图 3-6　现有的部分体感套装

3.1.2　VR 体验舒适度

VR 体验舒适度主要指整个沉浸式体验的人体感觉是否舒适。现阶段主要包括人体的视觉、听觉和触觉感受，以及所引发的其他生理和心理感受。同时，体验过程中一些交互的方式方法，是否让用户感觉自然合理，是否和用户预先的期待相符，是否会让人产生排斥感等——比如，某些利用手势的交互，对用户"双手"的捕捉定位是否准确，反馈是否及时，长时间使用是否会让人感到手臂酸痛等。为了给用户提供较为舒适的VR体验感受，以上所涉及的方面需要进行测试。

对于某些VR体验来说，目的性和绝对的舒适感也许存在矛盾，比如，挑战身体极限的燃脂运动，或者恐怖惊悚的游戏体验。在这类体验的过程中，符合用户预期的不适感——机体的疲劳，心理的惊吓等都是正常的，但应将目的性之外的不适感降至最低。

目前VR体验舒适度的主要挑战在于体验过程给用户造成的眩晕，以下将就此进行详细阐述。

3.2 眩晕的产生

VR产品造成的眩晕，其科学名词叫作"视觉诱发晕动症"（Visually Induced Motion Sickness），类似于晕车和晕船，这是敏感的人体机制进行自我保护的一种反应。晕动症产生的原因主要是人体前庭系统与视觉感受不相匹配。

人体对运动状态的感知以及保持平衡是视觉系统、前庭系统和本体感觉多方面共同作用的结果。前庭系统主要是指前庭器官，是内耳中主管头部平衡运动的，作用于人自身的平衡感和空间感，能够感知运动，对于人的运动和平衡能力起关键性的作用。当人体进行各个方向的运动时，前庭系统会受到刺激，从而为中枢神经系统提供位置与速度信息。同时，当人的身体部位处于不同的运动状态时，运动组织（肌肉、肌腱、关节）中分布的各种感受器会产生相应的感觉信息，通过神经传导到中枢神经系统，从而产生对身体各个部位的状态感知。在接收到所有相关信息后，人的大脑会对不同的信息进行权重分析，将前庭系统、本体感受的感知结果和视觉感受结合在一起，综合评价身体的平衡状态和空间方位感知，并作出适当调整，从而保持平衡（见图3-7）。而

图3-7　人体如何保持平衡感

有些情况下,这些信息可能会出现矛盾,当矛盾冲突达到一定程度时,大脑对身体的空间与运动状态的判断会混淆,然后表现出眩晕这一应激反应。

在VR体验时,常见的感觉系统冲突主要有这几种:

(1)视觉系统看到了身体正在移动,而前庭系统感受不到相应的移动状况(Hettinger, 1992)。比如,视觉系统看到自己正在高速运动而身体感觉只是静止在座位上。

(2)视觉系统看到的运动情况和前庭系统感受到的运动情况不匹配:比如运动速度、加速度的视觉效果与感受的差异,视觉显示结果与头部运动速度的较大延迟等。

当两种不同信息在大脑中产生混淆时,眩晕感就此产生。

具体而言,VR体验中常见的问题有以下几项。为了降低眩晕出现的可能性,在这些方面应予以重视:

◎ **1.视觉焦点模糊**

由于每个人眼睛的瞳距、焦距存在不同,佩戴VR头显时需要进行相应的调整,把瞳距与焦距均调节到合理位置,才能让图像准确落在视网膜上,获得最佳视觉体验。常规状况下,眼睛的瞳孔中心、透镜中心以及屏幕中心往往不在同一直线上,需要通过调节相互的位置来使它们对齐,从而达到良好的视觉效果(见图3-8)。

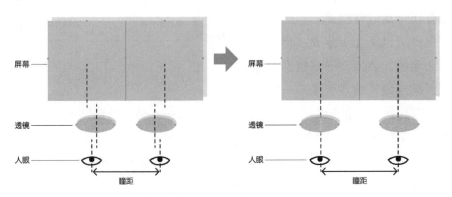

图3-8　调整视觉焦点

目前大多数VR头显都可以调整瞳距和物距、焦距,常见的调节方法有物理调整和软件调整,需要用户手动移动透镜使其与人眼瞳距对准,同时使用软件调节画面中心和人眼对齐来保证三点一线。许多用户在佩戴上VR头显时,忽视了校准

VR显示这一步骤,从而导致画面模糊（见图3-9）。而这种模糊往往是无法明显觉察的轻微模糊,但当长时间进行体验时,轻微模糊也会让人产生不适感以致眩晕。

图3-9　模糊画面与清晰画面的对比

◎ 2.视觉延迟

当用户在体验时转动头部或是移动身体的时候,若画面呈现的速度跟不上动作,则极易产生眩晕感。VR体验时的"延迟",在英语里被称作"Motion-To-Photon Latency",主要指VR头显的视觉显示相对人体头部运动会存在一定的时间滞后。这一过程中会经历以下几个步骤:传感器采集运动输入数据——将数据过滤通过线缆传输到游戏引擎——游戏

图3-10　用户的运动传输到视觉显示的过程

引擎处理数据并渲染视口——通过显卡进行渲染——传输渲染结果到屏幕,切换颜色——成为用户眼中最终的视觉显示（见图3-10）。

VR延迟率所指的是VR头显设备视觉显示与头部运动的匹配程度。延迟主要有两种原因,分别为帧间延迟和帧内延迟。用户进行头部运动时,所看到的画面是由帧与帧转换而成,转换中每一帧之间的处理与显示时间,即为帧间延迟。同时,用户头部运动时,构成画面的像素点在每一帧结束时会跳回原点,而眼睛的视觉会因为暂留现象在短时间内依然保留这一帧的图像,从而产生拖影,即为帧内延迟。人体的感官系统能够辨别感知一定程度的视觉延迟,但当绝对延迟降低到20ms以

内时,视觉延迟将变得难以察觉。达到这种程度大脑会将运动和视觉显示暂时判定为同步,产生沉浸感。但即便如此,20ms的延迟差距在长时间的体验过程中,也会带来累积性的眩晕感。若大于这一数值,其延迟不仅会影响沉浸体验,眩晕感更会变得非常明显,所以降低延迟率是十分重要的。

◎ 3. 视角晃动

由于晕动症的存在,当VR场景模拟晃动和振动,且画面较为逼真时,用户视觉系统会做出错误的判断,认为自己正处于画面中的状态,而用户实际是静止的,用户眼睛看到的画面与身体的运动状态感知不符,因此极易产生眩晕。比如对爆炸、冲浪、弹跳等场景的处理,建议即使镜头需要模拟晃动与振动状态,也尽量将幅度减小,或直接保持镜头的稳定,仅以画面中某些物体的相对运动状态来暗示所处场景发生的变化。

◎ 4. 被动运动

若运动状态非用户所控制,如在用户毫无准备的情况下由静止转为高速运动,眩晕则不可避免,这一点有些类似于坐车时的晕车感。许多人会有这样的体验,坐他人开的车容易晕车,但是自己开车时并不会有同样的感觉,这就是被动运动与主动运动的区别。由于人在驾驶汽车时,大脑会对身体运动、视野改变有预判,并已经提前做出适应性调整,但若仅仅作为一个乘客,则缺少了这一预判和调整的过程。因此,在运动控制上应尽量给用户更多的主动权。同时,当用户需要立刻停止运动时,给予他们这一选择。当然,这个标准并不意味着用户必须始终控制摄像机的运动,而是他们需要被告知或自行启动无法控制的时刻。比如,一个包含过山车的VR体验,在启动被动运动之前,应让用户知道接下来他们的视角会开始变化并不可控,需要询问用户并要求其点击相应按钮——如用户点击"开始搭乘过山车",而后画面跟随其进行运动。[1]

◎ 5. 景深不同步

景深不同步又被称为视觉辐辏调节冲突(Vergence-Accommodation Conflict),指的是虚拟环境中看到的物体景深和人类视觉不统一,这也是造成眩晕的原因。比如,用户面前1米处有一棵树,距离用户10米远的地方有另一棵树,当用户观察近处的树时,远处的树应当是稍显模糊的。但在VR环境中,用户看到的这两棵树也许有着同样的清晰度,与实际生活中的感知不符,这也会带来眩晕感。因为人类的眼睛为了看清某个物体,需要调节两个眼球,移动至物体的方向,而后将眼球调节至正确的焦距。双眼在进行观察时，会通过睫状肌带动晶状体，对所观察的物体进行对焦。当物体距离较近时，双眼的瞳孔收缩，瞳孔距离也会相对靠近；当物体距离较远时，瞳孔放松，瞳孔会相对向外，这一现象就被称为视觉辐辏。

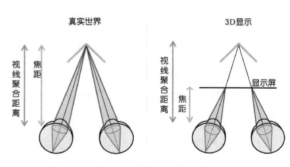

图 3-11　虚拟成像所导致的景深不同步

　　裸眼观察时，双眼之间能够配合默契，感知判断物体的大小远近和空间感。而现阶段的VR头显主要是采用了立体显示原理，基于双眼视差的图像处理，通过给予左右眼不同的观测图像，利用双眼的辐辏作用，聚焦成像于某个空间点，从而产生具有一定立体效果的场景。双眼的焦点调节在于显示屏，但辐辏却聚焦于空间像点，因此双眼需要在这两者之间不断做平衡调节，而由此带来的调节冲突会导致眩晕，即视觉辐辏调节冲突（见图3-11）。

◎ 6.声音不同步

　　类似于视觉系统的运作方式，人类的听觉系统能够依靠双耳所接受到的声音传输速度差，很自然地辨别声音的来源位置。现实环境中声音来自四面八方，人的双耳也能对各个不同方位的音源做出直接、准确的判断。许多电视电影的表现形式中，立体声、环绕声等声音效果是一个重要的组成部分。在VR体验中，若声音与视觉图像的表现、速度不匹配，或者声音的视觉方位与用户耳朵所听到的来源方位不一致，所带来的危害比电视电影的音频视频不同步要严重得多。用户会感觉自己出现了幻听，大脑产生困扰从而带来眩晕感。比如，在VR体验中，视觉显示用户的左前方有东西发生爆炸，但若用户的耳朵听到的爆炸声与图像并非同时发生，或者声音是从用户的身后传出，都会使感官混淆，破坏沉浸感并造成眩晕。

3.3　眩晕的预防

　　虽然目前还没有设备或者方法能够彻底地解决VR体验的眩晕问题，但是为了尽可能地预防、缓解或减轻眩晕的发生，可以尝试采取以下的思路和办法：

◉ 1.降低延迟率

用户头部物理移动与 VR 头显上视觉显示的延迟是造成眩晕并影响沉浸式体验的主要原因之一,所以,延迟时间的缩短将是 VR 技术不断升级的关键,也是关系到人们对 VR 产品体验感的关键。对于高质量的 VR 体验而言,延迟率越低,沉浸感越强,眩晕感越低。目前降低延迟有以下几种方式:[2]

(1)通过双GPU立体渲染降低延迟。即将图形处理系统分拆成两个,分别配备一个 GPU,每个 GPU 只需单独渲染一只眼睛的图像,从而达到最佳的性能表现和最低的延迟。

(2)通过合理安排数据采样降低延迟。仅在需要用户输入的数据时采样,而非在一开始就离线缓存输入数据,减少总体的延迟。

(3)避免渲染全部重新编码。通过对比用户前后输入样本,确定用户输入的变量,而后修正渲染。这种变量处理的方式可以最小化处理的复杂程度。合理安排每一帧的渲染时间,争取到一段可预测的时间。

(4)将三种方案合体。

除此之外,如果存在难以避免的视觉延迟,比如加载某一场景时间过长,建议用切断并替换当前画面的方法,而不是让用户真实感受到较长时间的延迟。比如,当体验中存在一个场景更替的过程,用户所在的环境将从山脉转到海景,所有的原环境物体需要被置换,新环境物体需要被加载,则可以播放一个预先设置的小动画,如云雾环绕,遮挡住用户的视线,待海景环境加载完毕,而后散开云雾,让用户感受新的场景。

◉ 2.万向行动平台

由于晕动症的成因是前庭感知和视觉感知不统一,那本质的解决方法就是让两者统一起来。换句话说,让用户的身体也真实地移动起来。当人的身体各部位处于运动状态时,前庭系统——包括前庭、半规管等,运动组织——包括肌肉、肌腱、关节等,其中分布的各种感受器会产生相应的感觉信息,传导到大脑皮层来告知身处的真实状态。在 VR 体验时,用户的视觉和听觉系统所感受到的运动状态若能与身体的运动组织所感受到的状态一致,便能够迷惑大脑,避免产生眩晕。现在已有的产品,如KAT WALK(见图3-12)、Virtuix Omni、Cyberith Virtualizer等,都旨在让用户用真实的运动对应虚拟世界的运动,在有限的空间内(一平方米左右),用户可以进行360°的自由移动,并实现坐下、跳跃等动作。同时,传感器将用

户运动的方位、速度和运行的
距离等数据同步反馈到实际游
戏中,在虚拟世界中做出对现
实反应的真实模拟。这种方法
能够提高真实感,从本质上降
低眩晕感。当然,作为一个较
大型的硬件产品,它增加了对
体验空间的要求,成本也相对
较高。

图3-12　万向行动平台产品示例:KAT WALK

◎ **3. 慢速匀速移动**

现实状态下,人体能感知加速减速,但不能感知匀速。正如人感受不到地球的
旋转,或者在匀速飞行的飞机上觉得世界是相对静止的,而非处于高速飞行这一状
态一样。

在VR体验中,往往需要对用户进行位置的移动,使其运动速度从0(静止)
到一定值,或再减速。若忽略加速度,瞬时转到一个恒定的匀速度会让人感觉不自
然以及眩晕。找到人体感觉适宜的加速度是一难题,据Cardboard Design Lab的实
验,83ms加速度、约3m/s恒速度、266ms减速度是比较理想的。

当需要在视觉效果里从一个位置移动到另一个位置时,慢速且匀速的移动带
来的眩晕感要低于加速度明显或者高速的移动。因为视觉系统有足够的时间去慢
慢适应画面的转换,将眩晕感控制在用户可以忍受的某个范围内。一般而言,这种
运动过程用户是作为"乘客"的角色,被动进行移动。其不足之处是运动速度较
慢,位置转换效率较低,应在衡量其利弊后谨慎使用。

◎ **4. 瞬时传送**

瞬时传送指在极短的时间内,从一个地点转移到另一个地点。这在现在的VR
体验中运用较广。瞬时传送触发时,用户感受不到移动的过程,只能看到移动的结
果,如此便不存在产生晕动症的因素。但是,这种移动方式与真实世界的移动方式
不符,会影响体验的沉浸感。

◎ **5. 停顿式转向**

当在移动过程中需要转换方向时,由于平滑旋转容易引起相对运动错觉眩晕,
可以采用停顿式转向(Snap Turning)的方法:类似于机械性地小幅度连续转动

一定的微小角度,用户只要向左或向右推动摇杆,视角就迅速向一侧跳转,通常是一次转30°到40°,直至到达所需的方向角度。这一方法一定程度上降低了沉浸式的体验感觉,但避免了接收到指示旋转的视觉信息,前庭系统也就不会做出反应。相比平滑转向,停顿式转向引起的眩晕感将会被控制在一个低值。

◎ **6. 增加锚点**

美国普度大学计算机图形技术学院的研究人员发现,增加一个固定点,比如虚拟状态里用户能看到的"自己的鼻子",也能有效降低眩晕的概率(见图3–13)。美国斯坦福大学的一项学生研究课题也证实了增加一个锚点对减少VR体验中的眩晕有效。其原理是人需要一个视觉参照物,就像驾驶汽车时汽车上的仪表盘。

图 3–13 VR 画面中添加虚拟参照物"鼻子"

◎ **7. 让用户多用动作控制**

基于动作操控是人类最自然的操控方式之一,在VR体验中,由于用户完成整个动作通常需要一定时间,延迟性的表现将不再明显。若利用动作控制交互,比如用手臂抓住虚拟物体往后拉的方式使身体向前移动,将有效降低延迟,加强交互性,减轻眩晕感。

◎ **8. 个性化选择**

由于每个用户的生理指数不尽相同,个体之间差异很大,不同人对相同内容的反应可能截然不同,对各种运动方式的喜好也不尽一致;而同一个人在不同的心理感受、身体状态下对同样的内容反应也会有所不同。如果可以给予他们对于不同视角、3D环境、运动状态的自由选择,帮助用户调整到最适合自身的个性化方案,也可以提升体验的舒适度。比如,在运动时增加环境光亮度选项,生理敏感的用户可以选择降低画面亮度，甚至暂时隐藏画面直至运动完成。又比如，相比于第一人称视角的虚拟体验，第三人称视角的体验较不容易引起眩晕，但同时，第三人称视角的沉浸感会远远低于第一人称视角，某些情况下也可以让用户选择使用哪个视角进行体验。

◎ 9. 电前庭刺激

为了解决晕动症问题，洛杉矶初创公司 vMocion 尝试利用了梅奥诊所（Mayo Clinic）的实验室研究的电前庭刺激（Galvanic Vestibular Stimulation，缩写 GVS）技术。此项技术原本用于航空航天医学，梅奥诊所将其授权于 vMocion 公司使用，允许其应用在媒体及娱乐行业。该技术的原理是通过电极的反馈追踪体验者的前庭系统，从而感知运动。体验时，技术人员会将四个电极分别放置在用户的两耳内、前额上及颈部背面，并将模拟的 2D 和 3D 内容转化成 GVS 刺激（见图 3-14）。同时，GVS 技术独立于 VR 体验产品之外，内容开发商无须将其整合至虚拟现实产品开发中。GVS 技术能够有效预防眩晕，并同时增强用户的沉浸感。在体验过程中，用户内耳将会不断受到刺激，视觉画面会更贴合意识上的感受。比如，当用户面前的视觉画面向某个方向，比如左下方旋转时，使用户耳后电极对前庭进行同步刺激，则可让用户同时产生自身向左下转的感觉，以达成视觉感受、前庭感受的统一。用户对于运动的感官体验将更为真实，从而从源头根治晕动症。这项技术目前仅处于试验阶段，用户的接受度是一大门槛，毕竟需要佩戴繁复的装置并接受电极刺激，在短时间内难以被大众认可。

图 3-14　电前庭刺激 (GVS) 技术

◎ 10. 使用空间音效

空间音效的有效使用可以增强沉浸感，避免幻听感觉的产生，减轻眩晕感。针对 VR 体验的音频被称为 VR 空间音效。VR 空间音效与现实生活中 3D 影视、游戏等运用的 3D 音效存在相似性，目前 3D 音效主要由立体声的方式来呈现，通过多个音箱环绕放置来实现声音的方位感。一般而言，这样的环绕声系统的音箱位置纵向上处于同一平面。而 VR 空间音效的实现，需要音频效果与 VR 头显视觉画面相对应，随着后者的变化而变化。某种程度上可以理解为将声音的维度升级，从 3D

音效的二维转化为空间型的三维。

用户在进行VR体验时，可以自主转身，移动身体，转动头部和选择观察角度，若使用提前渲染好的传统音频，声音不会根据用户的身体移动、头部运动而变化，听起来会感觉声音附着在耳朵上，非常不自然。在VR环境里时，用户往往预期声音和现实中一样，有方向、强弱、变化。为了实现这一点，在VR体验的开发过程中需要解决两个关键

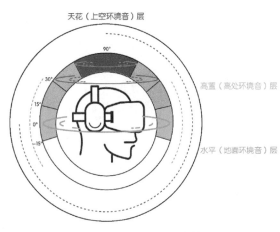

图3-15　VR空间音效

问题：一是如何采集播放声音，二是用何种方式让用户听到声音。通过利用近场头部相关变换函数（Near-Field HRTF）和立体声源（Volumetric Sound Sources）的相关技术，呈现出的3D音效会有多个发声体，能扩大声音环绕的范围，提供给用户一种有方向感、可变的、具有层次的声音感受。当用户处于VR场景中时，以用户身处的位置为中心，声音可以是来自任何地方，比如来自天花板（顶层）、较高处的空间环境、地面水平层等（见图3-15）。

现阶段的移动端头显的发声源为手机，没有办法做到3D音效，但较高端的硬件头显可以支持3D音效，所以在对VR体验的设计开发过程中应将其考虑在内。

除了上述预防方法之外，还有一些较冷门的减轻眩晕感的方法。例如在体验前服用相关的防眩晕药物，能够减少由晕动症引起的恶心、头晕、胃病和头痛等；一些公司还生产了VR相关的辅助用品——VR腕带，这种腕带配有穴位按摩珠，可刺激手腕内部的关键压力点，将腕带放在手掌底部下方三指宽度，有助于减轻VR体验常见的副作用。

这些产品所产生的作用是真正发挥了疗效还是类似于安慰剂的效果存在一定争议，根据成分来看，它们对人的身体不会产生副作用，对晕动症较为敏感又有探索精神的朋友可以一试。

3.4　视场角与视场深度

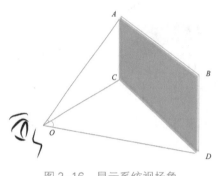

图3-16　显示系统视场角

视场角在光学工程中又称视场,视场角的大小决定了光学仪器的视野范围。

在显示系统中,视场角就是显示器边缘与观察点（眼睛）连线的夹角。往上看到的极限到往下看到的极限这个范围就是垂直视场角,往左看到的极限到往右看到的极限这个范围就是水平视场角。如图3-16所示,$\angle AOC$是垂直视场角,$\angle COD$是水平视场角。

在光学仪器中,以光学仪器的镜头为顶点,以被测目标的物像可通过镜头的最大范围的两条边缘构成的夹角,称为视场角。[3]通俗地说,目标物体超过这个角度就不会被收在镜头里。

若在人眼的视角范围内大部分是屏幕,就会有身临其境的感觉。而VR头显包括两个平行的镜头,且各自拥有独立的校准功能,正好能覆盖眼睛的视线范围,因此能让人产生沉浸感。

VR硬件设备的视场角通常指水平视场角,各种不同的VR设备视场角范围并不相同,影响视场角大小的因素很多,如不同VR头显设备的屏幕尺寸、光学技术等。如果以每度 60×60 像素来算,当屏幕硬件技术进化到 $12K \times 10K$ 时,VR体验将会非常趋近于现实。一般说来人眼能看到画面的角度越大,即视场角越大,沉浸感则越强。但是凡事无绝对,为了得到更宽广的视场角,需要在其他方面做出一些调整,但这也许会带来诸多弊端。比如,若保持VR头显中较薄的薄型镜头,就必须增加镜头到显示屏的距离,从而导致VR头显的尺寸就必须增加;若缩短与透镜间的距离,则需要采用厚透镜,但透镜与眼睛的距离又可能太近。这可能又会引起另外三个难题:一是成像于视网膜前,由于眼睛的晶状体不是凹透镜,用户会根本看不清楚画面;二是即使还能看见,但放大倍率太高,屏幕的晶格感会更加严重;三是过近的距离容易造成事故,可能会造成眼睛或镜片的损伤。

而使用直径较大的透镜来增加视场角,这也会面临一些新的挑战。较大的镜片需要中间较厚,其重量也会随之增加。这个问题可以通过使用菲涅耳透镜解决。

但第二个问题仍然存在，不管使用哪种类型的透镜，大透镜都会带来更多的光学像差[4]（见图3-17）。因此需要考虑所有这些因素，以最大限度地提高视场角，而不会使头显过大或过重，用户才能有最佳的视觉体验。

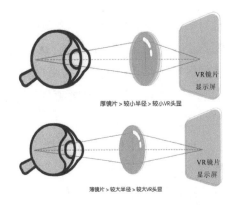

图3-17　较广视场角下，镜片厚薄对头显大小的影响

　　而当选择与手机合用的VR设备时，过大的视场角也许会让用户直接看到手机边框，反而没有了体验的沉浸感。因此建议选择与自己的手机相匹配的视场角的VR设备。市场上的手机依据屏幕大小大致可分为三类——常见的多数手机大小约在5.0~5.7英寸范围内，可选择90°视场角的VR设备；若手机大小在5.0英寸以下，选择80°左右视场角的VR设备则更合适；而若手机分辨率达到2K及以上，屏幕大小超过5.7英寸的，可以选择视场角90°以上的VR设备。

3.4.1　VR体验视场角

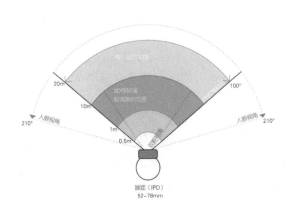

图3-18　VR体验视角

在眼睛平视的情况下，人的视角范围水平角度约为122°，垂直角度约为120°，如果是在颈部自由运动的范围下，视角能达到水平角度210°，垂直角度160°（见图3-18）。

　　人类视野中央有个很小的区域，叫中央凹（foveal）。这里分布着大量的视锥细胞，视锥细胞能感知颜色，视敏度高，光敏感性稍差，因此中央凹是辨色力与分辨力最敏锐的区域。这种结构让人眼的空间分辨率从中央向边缘逐渐递减，所以，当人类用眼角余光进行观测时，清晰度与辨别力都非常低，不适于对信息的阅读辨析。存在于这些范围的视觉信息仅能提供一些视觉线索，让人有一个模糊感知。在视角10°至20°内人眼能对汉字进行有效辨认，在视角5°至30°内人眼能对字母、图标进行有效辨认,在视角20°至30°内人眼对动态东西较为敏感。若用户想要看清楚位于左右视觉边缘的区域,就不得不用转动头部来解决。但这其实是一个较大体量的运动,一段时间之后,用户就会容易感到头晕疲劳。若用户想要看清楚位于上下视觉边缘的区域,则需要仰头或者低头,如果角度过大则会对颈椎压力过大,用户也会感觉脖子酸痛。

因此,在对VR体验的布局考虑中,为了保证重要信息的可见性,同时减少头部运动,降低疲劳,需要让展示内容在一个舒适的可视区,并且尽量将重要信息放置于用户的视觉中心。根据Google的研究表明,左右各 30°、向上 20°、向下 10°的信息范围是属于比较舒适的观察区域（见图3–19、图3–20）。

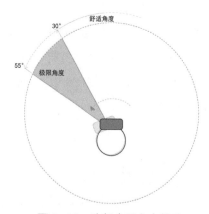

图 3–19 头部水平方向转动
的舒适角度和极限角度

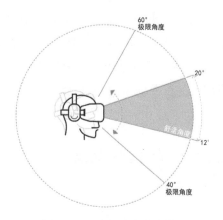

图 3–20 头部垂直方向转动
的舒适角度和极限角度

3.4.2 VR体验视场深度

人类是三维动物,除了二维（X轴、Y轴）上的平面信息,人体的视觉系统会通过各种生理的和心理的线索来感测环境和对象Z轴上的深度信息。在VR体验中,人体视觉系统会自动利用所有可用的深度线索来确定物体与用户、物体与物体之间的距离。深度线索越多,越能准确判断各种Z轴上的距离信息。因此,VR体验的设计规划需要提供这些深度线索。其中,生理性深度线索包括焦距调整、双眼视差和单眼移动视差,心理性深度线索包括视网膜图像大小、线性透视、纹理坡度、重叠方式、空中透视以及阴影。[5]下面是对它们的具体解释:

◎ 1.焦距调整 --

人眼中的晶状体有如一个透镜,能根据物体远近进行聚焦调整。当观察近处的物体时,眼部肌肉收缩,晶状体增厚;当观察远处物体时,眼部肌肉放松,晶状体变薄。从而让物体经过晶状体准确地聚焦到视网膜上。

◎ 2. 双眼视差

人类的双眼是从略微不同的位置看到世界的,因此双眼感觉到的图像略有不同。感测图像中的这种差异称为双目视差。人类视觉系统对这种差异非常敏感,双目视差是中等观看距离中最重要的深度提示。即使删除了所有其他深度线索,也可以使用双目视差来体会到深度感。

◎ 3. 单眼运动视差

如果闭上一只眼睛,人类可以通过移动头部来感知物体的深度信息。因为人类视觉系统可以在两个相互对应的相似图像中提取深度信息,就像它可以合并来自不同眼睛的两幅图像一样。

◎ 4. 视网膜图像大小

当物体的真实大小已知时,人类的大脑将会用物体的感测大小与实际大小进行比较,从而获取有关物体距离的信息。

◎ 5. 线性透视

如果从一定高度向平直的道路上俯视,视觉系统会看到道路平行的两侧在地平线上相遇。这种效果在照片中经常可见,它也是一个重要的深度提示,被称为线性透视。

◎ 6. 纹理坡度

当人越接近某个物体,就越能看到它表面纹理的更多细节。因此,具有平滑纹理的对象通常被认为距离较远。如果表面纹理跨越从近到远的所有距离,则这种深度感将更为明显。

◎ 7. 重叠方式

当两个或以上不完全透明的物体相互阻挡而呈现在视线里时,视觉系统会判断被阻挡的物体离我们较远,感觉轮廓图案看起来更连续的物体与我们更靠近。

◎ 8. 空中透视

现实生活中,由于自然界空气中存在大量水分和微小尘埃,受到天光(skylight)的散射折射,短波长的蓝紫光会在较远处。远处的风景,比如地平线上的山脉、房屋等,总是会有略带蓝紫色或朦胧的感觉。距离越远,蓝紫色朦胧感越强。

◎ **9. 阴影** -

当视觉系统感知到光源的位置并看到物体在其他表面上投下的阴影时,大脑会认为该物体比遮住的另一个物体更接近光源。而且,明亮的物体似乎比黑暗的物体更接近观察者。若照明度下降,大脑更倾向于使用这些信息来解决模糊问题。

视场深度对于VR体验的视觉效果有很大关系。以上深度线索中,生理性深度线索由客观规律决定。而在设计规划过程中,若能有意识地合理利用并加强各种心理性深度线索,依据物体的主次关系、交互需求等因素展现出不同的视场深度,则可以给用户提供更立体、更直观的一个视觉环境,带来更强烈的沉浸感。比如,除了对3D模型的物理距离做出一定的排布,还可以通过调整物体的细节清晰度、光照对比度、纹理坡度等来暗示深度关系。

同时需要注意,理论上VR场景中的物品视场深度的最低值约在0.5m,但若使用移动端头显进行体验,这一数值需要提高。由于移动端头显的镜片是凸透镜,对于视线内物体具有一定放大效果。且移动端头显并不具备空间位置捕捉功能,如果虚拟场景中一个物品和用户距离过近,睫状肌需要用力收缩才能将其看清,眼部肌肉将处于过度紧张的状态,并有可能造成眼睛对焦不准的问题。所以针对移动端头显的体验,视场深度在1.5m以上为佳。

参考文献

[1] Googel VR. Daydream App Quality Requirements - Design[EB/OL].(2017-10-23)[2017-11-15]. https://developers.google.com/vr/distribute/daydream/design-requirements.

[2] 北京新思界国际信息咨询有限公司.“十三五”期间中国IVR（交互语音应答系统）行业分析及投资战略咨询报告[R]. 北京,2015.

[3] 张雷, 杨勇, 赵星, 等. 多级投影式集成成像三维显示的视场角拓展[J]. 光学精密工程, 2013(2):1-6.

[4] Jay. Field of View for Virtual Reality Headsets Explained [EB/OL].(2016-03-17)[2017-11-15]. https://vr-lens-lab.com/field-of-view-for-virtual-reality-headsets/.

[5] Marko Teittinen. Depth Cues in the Human Visual System [EB/OL]. (1997-01-11)[2017-12-01]. http://www.hitl.washington.edu/projects/knowledge_base/virtual-worlds/EVE/III.A.1.c.DepthCues. html.

第**4**章

虚拟现实
用户体验
——设计规划

虚拟现实的用户体验设计，总体而言目前仍然处在一个探索、试验的起步阶段。以下是从项目实践中探知出来的一些经验和体会，非常期待这些发现能对虚拟现实的设计与开发起到一定的引导和借鉴作用。同时也希望抛砖引玉，引起更多同行的讨论研究，从而推动整个行业的发展。

4.1 VR设计流程简述

VR项目,无论简单或复杂,有一些步骤是必须的;而基于不同的目的、受众、时间等因素,一些项目的开发流程需要经过更多的步骤。一个完整的设计流程一般分为三个主要阶段:包括设计规划、模型设计以及交互设计。具体而言,设计步骤主要包括:

确定设计目的——明确立项的意义和期待的结果。

确定设计主题及内容——明确具体是为何而设计,选择合适的、与VR的表现形式兼容的内容来表现。

进行用户研究——明确受众群体,了解目标用户特征以及行为习惯,为下一步的设计提供指导性建议。

决定情感基调——情感烘托可以加深用户对整个VR体验的印象,从而有效达成该项目的设计目的。决定情感基调也能为之后的设计提供指引。

选择设计工具——不同设计工具所表现的设计结果,其精细程度和耗时有所不同,根据项目需求来选择合适的设计工具。

故事板设计——站在全局角度考虑整个VR体验是在讲述怎样一个故事,确定存在的关键节点,确定用户体验中是否存在交互行为,而后以故事板的形式直观呈现。

确定视线基准——选择决定将VR体验的视线基准设置为地面基准还是眼高基准。视线基准的确定将对环境与对象的大小比例产生影响。

时间控制——一个VR体验需要有合适的节奏感,因此需要对体验的时间控制有良好的把握。应根据具体内容,选择决定体验的时长、分段和节奏的快慢。

对象设计——明确用户形象以及各种其他对象的表现形式,对象的数量、大小、种类等基本要素,在此基础上进行细化的模型设计。

环境设计——明确背景环境的表现形式,环境的远近、明暗、精细程度等基本要素,进行虚拟场景的建模绘制。

界面元素设计——只要VR体验中存在交互行为,就需要对相关界面元素进行示意。界面元素有多种表现形式，可以是平面化的也可以是立体模型，需要根据VR体验的整体风格来进行设计，确定界面元素的大小、远近、视觉特征，让其既与其他元素融合又存在独立性。

交互设计——交互方式主要包括使用身体动作进行交互和使用控制器进行交互。应根据目标用户的特征来进行选择，并基于人机工程学的相关原理，设计出让用户感觉舒适、自然、明确的交互方式。

声音设计——VR体验中加入声音可以强化沉浸感并起到定位、指引、烘托氛围等多种效果。建议在后期加入符合主题、与内容相关且音量适中的各类音频文件，比如背景音效、指示音、解说词、旁白对话等等。

用户体验测试——理想情况下，测试环节应分布于每个关键步骤，但往往由于某些客观原因，无法在每一步都找到多名目标用户进行细致的测试。但当一个VR体验项目的雏形初现时，邀请目标用户来测试体验是不可或缺的一个环节。通过测试，开发人员应记录体验过程、发现相关问题、进行有机调整，从而完善整个VR项目的用户体验。

一个小型的VR体验设计项目，可使用简化版的设计流程，其中包括几个主要步骤，如图4-1所示。

一个中型或大型的VR体验设计项目，开发人员应考虑得更为全面，建议使用详细版的设计流程，如图4-2所示。

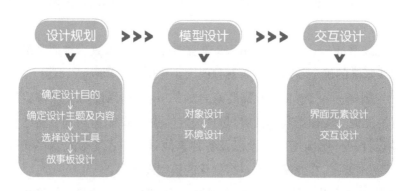

图4-1　简化版VR设计流程

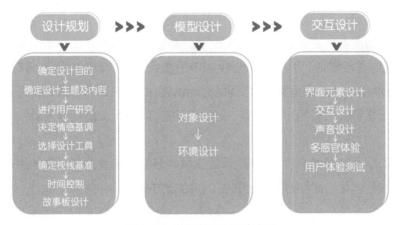

图 4-2 详细版 VR 设计流程

4.2 确定设计目的

设计不可以是盲目的,设计的目的必须是可成立的、合理的。设计目的,换句话说,即通过这一 VR 产品,开发人员希望达到的效果。而这个效果应结合开发者的初始动力和用户的需求和感受,相辅相成。

设计目的可以是简单直观的。通常在某个 VR 产品立项的时候,会有一个清晰明确的项目目标。比如,一个针对某款新车的 VR 体验项目,最直接的目的就是:通过展示新车的各种性能激发用户的购买欲。若再将这一目的分解,它将包含:对新车外观的了解与接受,对新车内饰的了解与接受,对其各种功能——特别是新功能的了解与接受。将每个小目标达到就相当于离总体项目目标已不远了。

设计目的可以是单纯的也可以是多样化的,只要能够确保其合理性和可行性,一箭双雕甚至一箭多雕未尝不可。比如针对患有心理恐惧症的儿童开发的治疗性 VR 项目,主要目的当然是帮助患病儿童摆脱这一精神疾病的控制。而在患儿接受 VR 治疗的同时,医护人员能够同时读取记录各种生理心理数据,从而建立起一个有效的临床数据库,为今后该患者以及其他相似疾病患者的医疗诊断提供支持和帮助。

而有的时候,设计目的也需要衡量多方面因素来进行妥协和调整。因为开发者的需求与用户需求会产生一定的矛盾。比如一个联网升级形式的 VR 游戏,除了将其做精做好,让用户喜爱此游戏以外,开发者所期待的是用户有更长的在线时间,买更多的装备。而用户则希望用最快的速度升级,用有限的装备完成更多的任务或者赚到更多装备。因此就需要找一个平衡点,对游戏难度、关卡设计、时间控制等各方面做出一定的预判,考虑到两方面的需求,找到双方都认为合适的一个范围,使其既能够吸引新用户并维持一定数量的忠实用户,又能让开发者实现商业利益的转化。

最后,结合其他社会、人文环境等因素再对最初所确立的设计目的进行一些微调、细分和具体化,让其成为整个开发工作的方向指引。

4.3 确定设计主题及内容

明确了设计目的之后,需要选择合适的主题和内容去表达。VR 这个新的艺术媒介的规则、标准、习惯等正在被了解、被制定。因为 VR 的表现形式并不适用于所有的主题内容。什么内容可以通过 VR 这个平台自然地、完整地呈现出来是接下来需要思考的一个问题。在这一基础上,应适当缩小范围,选择那些有较多动态情节的 VR 场景,用一种特别的叙事方式来呈现一个好的 VR 故事。

根据谷歌发布的访谈结果,人们被 VR 吸引,主要是因为 VR 使他们体验了各种新的经历和情感,让他们创造了自己的体验,并得出看法。"你可以去任何你想去的方向。你正在创造自己的世界。"一位参与者说。从这个角度来说,一些目的性强的主题和体裁——比如拯救某个人物,战胜某个人物,找到某件物品,学习一项技能,解决某个问题,捕捉收集一些事物,逃避一些事物,去一个地方探索等,和一些能唤起用户情感共鸣的主题和体裁——比如设身处地地去理解一些人物,理解一些行为,会比较适合 VR 体验。这些主题体裁也更能通过 VR 体验这一方式让用户得到有用信息,或达到某个效果。相反的,若仅仅把用户放置于一个局外人、旁观者的角度,用户在体验过程中则容易感到没有参与感。因此,尽量让用户成为场景的组成部分,体会故事的情感路线,作为整个内容的主动参与者而不是被动入侵者。

这一步骤中,开发者需要探究找寻"主题内容是什么"。但要注意的是不应直接将其定义为解决方案。比如,对于一个医学教育类的 VR 体验项目,可以先抛出一个问题:我们如何帮助用户更有效地了解这一医学原理?而非在起始就决定:

我们需要一个有关这一医学原理的演示动画。有了这个问题作为引导,接下来可以进行头脑风暴、观点分析、筛选过滤等从而找到最终的内容方向。同样,建议以提问作答的形式进行观点收集和研究。作为一个开发团队,大家可以集体讨论"现有的方法是什么?""优势劣势分别是什么?""如何改善现有体系?""直接进行体验的价值是什么?""如何激发情绪?""怎样定义项目成功与否?"等。问题越多,涉及的范围越广,考虑的角度越细致,则最终结果将越清晰明了。在这个过程中,无论一些观点看似多荒诞离谱,都建议将其汇集保存起来。VR世界是一个全新的世界,多方面的尝试也许会带来意想不到的效果,并且可以从各个来源进行接纳学习,许多优秀的提议也可能来自各种假设碰撞出的思维火花。

4.4 进行用户研究

接着上一节,为了达到设计目的,在确定设计主题及内容后,需要明确用户的需求,了解用户的思想和心态,甚至掌握用户的喜好和习惯。这就需要我们进行用户研究。用户研究也分为产品前期的调研和产品后期的测试。在这一节里,主要讲述产品初始阶段对用户群体的理解与认知。用户研究的方法有很多,没有所谓的最优方法,只有适合这个项目这一阶段的方法。

目前为止尚没有结论VR世界中的规则是什么,开发者如何充分有效地去引导用户,什么样的用户行为是被允许的,什么样的用户行为是需要被禁止的,等等。可以说,VR世界的许多规则都还未被定义,对该领域的研究开发会从生活中的各个方面以及任意来源进行学习借鉴揣摩。对于VR产品来说,另一个挑战是,许多目标用户是从未接触或刚开始接触VR的"新手",没有一个熟悉产品、熟悉操作方法的背景。这些用户数据现有的资料是空白的,这就更需要经过用户研究来提取相关信息了。基于二维空间的用户体验和3D环境下的用户体验可以有非常大的差别,从某种意义上来说,现阶段的VR产品,其中的交互体验本质上是需要被不断验证甚至证伪的用户实验。

了解用户并不是简单直白的。开发人员不能只通过自己的想象确定用户需求,仅从自身角度去模拟用户很难保证模拟出真实的用户状态,在此基础上确立的需求也可能是伪需求,进一步的开发方案也会存在很大的风险。事实上,不同用户群的需求常常各不相同,同一用户群在不同阶段也往往存在不同层次的需求。

　　用户研究对于产品的成败有很重大的意义,而产品开发人员可以说是"非典型用户",因此,找准目标用户并进行细致研究是一个必要环节。开发人员应对用户群进行分类定义,如果可行,试着真正接近用户,假设身份代入并图解细化这一角色"一天的生活",从而尽可能深入了解典型目标用户的生活方式、性格特点。这一环节中,较常见的方法是绘制同理心地图（Empathy Map）。简单说来,就是设身处地、换位思考,开发人员将自身置身于某位用户的身份,做用户做的事情,体验用户的情绪,了解用户的感受,思考用户的想法,以期快速发现用户潜在的需求。同理心地图一般有以下两种内容形式。

　　内容形式一（见图4-3）:

　　看到什么——用户所处的环境,环境中的人物、事物等;

　　听到什么——用户听到的各种声音,包括话语、音乐、环境音等;

　　说什么和做什么——用户的言语,态度和可能的行为等;

　　想什么和感受什么——用户的内心状态,包括思想、感受等;

　　痛点是什么——用户的挫折、恐慌、阻碍、沮丧等;

　　所得是什么——用户的需求,衡量成功的标准等。

　　内容形式二（见图4-4）:

　　什么任务——用户需要完成的操作,回答的问题,达到的结果等;

　　什么情绪——用户在体验中的各种感受;

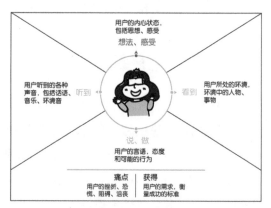

图4-3　同理心地图形式一

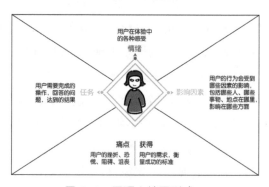

图4-4　同理心地图形式二

　　什么影响因素——用户的行为会受到哪些因素的影响,包括哪些人、哪些事物、地点在哪里等,影响在哪些方面;

　　痛点是什么——用户的挫折、恐慌、阻碍、沮丧等;

　　所得是什么——用户的需求,衡量成功的标准等。

通过绘制同理心地图,开发人员能够对用户群体有一个详细的认知和明确的定位。

用户研究的方法上,有定性研究与定量研究之分。建议将定性的用户研究与定量的用户研究结合起来,比如通过深入访谈、小组讨论、观察用户的行为习惯等提出一些假设性的问题与建议,再经由问卷调研等方法验证、筛选、比对、迭代出尽可能贴近真实的结果。

在量化的用户研究方面,简单说来,关键就是这三个步骤:一、获取用户行为数据;二、对数据进行分析研究;三、归纳总结出指引实际操作的经验之谈。量化的用户研究种类有很多,有些会借助于新型的科研仪器。比如,现代的科学技术能够利用VR眼球追踪及生理检测技术对用户进行更细致的研究分析。当受试者戴上VR头盔做这类的测试时,根据他们眼球的活动,能够非常精确地发现和记录受试者对哪些内容(包括同一画面中的哪些部分)更感兴趣或更有共鸣。配合一些生物传感技术(检测受试者的心跳、血压等生理指数),可以收集和分析更多的用户数据。开发前期,若能通过测试目标用户对一些既有VR的体验反应,则能采集到许多有实用价值的参考数据,为后续的设计提供帮助。

当开发人员对用户有一定了解之后,结合设计目的,需要进一步明确在VR产品中,用户成为的主角是谁(本人还是其他角色),在哪里(模拟真实环境还是幻境),在干什么(有没有具体的任务)。在这些都确定之后,设计方向会更为清晰。

4.5　决定情感基调

VR体验和其他媒介相比起来,更像是属于印象派作品。VR产品和许多二维产品不同之处在于,用户在进行VR体验的时候也许不能关注到每个细节,但身临其境的体验更能完全让用户产生情感共鸣,且总体的观感会给用户留下一个强烈的总体印象。在创建整个虚拟世界时,可以选择使用类似于在戏剧制作中的创作手法——如何引导用户的注意力,分析与故事情节有关的细节。

Chris Milk 是VR产业的先驱者,他在最近一次的TED(Technology Entertainment Design,技术、娱乐、设计)演讲中指出:虚拟现实技术是终极的"情感机器"。VR技术所创造的沉浸感能够从本质上改变受众对传播内容的情感接受度。在很多VR项目中,体验的成功与否,情感渲染也是一个重要因素。

情感基调,大致可分为：平静、轻松、紧张、欢喜、愤怒、忧伤、恐怖。在此基础上还可以进一步细分。另一方面,VR体验的情感基调可以选择是单一型或者组合型。单一型的情感基调也分各种层次,在强和弱之间可相应移动;组合型的情感基调常由两种或几种主要情感融合而成,甚至形成情感的"过山车",适用于有情节变化的VR体验。

比如,当用VR模拟飞行训练时,主基调应该是平静的,同时,在一些关键性操作时,可用声音和环境光线营造适度紧张感,以提醒飞行员小心应对。

当情感基调定为"恐怖惊悚",如恐怖游戏一类,需要谨慎抉择,以免造成不可挽回的后果。因为VR体验带来的真实感和刺激性要强于二维形式的恐怖体验,用户相当于在一整个恐怖环境中面对一些恐怖事件的发生,心态和动作反应会产生变化,建议开发者在游戏开始前给出警示信息并基于年龄、健康状况等因素排除部分用户。同时,需给出用户快速脱离虚拟世界的方法,让其在必要时能够简单地退出VR体验回到现实。

4.6　选择设计工具

随着行业的不断发展,越来越多相应的设计工具也不断涌入市场。合适的设计工具能够让开发人员事半功倍。如何选择开发工具呢？这需要我们结合设计目的、工具的优劣势以及自身喜好,也可以根据不同开发阶段来选择不同工具。

这里将对业界主流的一些工具进行简要的介绍。

4.6.1　纸和笔

纸和笔是最原始却常用的工具,方便快捷,随处可得,能够用来记录想法、表达设计意图、传达设计理念。纸和笔不会像设计软件那样需要使用者花额外的学习时间,不会局限人的思考。在对一个VR项目进行初期探索时,常常需要对各种思路进行比较整理,用纸笔作为工具,可以帮助开发人员迅速理清思路,寻找最佳设计方案,同时在多人沟通协作方面也具有相当高的实用价值（见图4-5）。纸笔成本低廉,并能用其快速迭代,因此尤为适用。

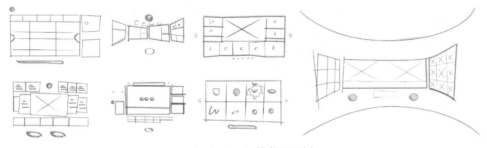

图 4-5   VR 手绘草图示例

4.6.2   Axure RP

一个专业的快速原型设计工具，能够快速创建线框图、流程图、原型和规格说明文档。作为专业的原型设计工具，它能快速、高效地创建原型，同时支持多人协作设计和版本控制管理。Axure 的可视化工作环境可以让开发人员轻松快捷地以鼠标的方式创建带有注释的线框图。不用

图 4-6   Axure 软件界面

进行编程，就可以在线框图上定义简单连接和高级交互。在对 VR 项目的体验流程进行探索时，用 Axure 可以制作出清晰明确的流程及交互图（见图 4-6）。

4.6.3   Sketch

Sketch 是一款用于 Mac 系统的轻量级界面设计工具，2010 年由荷兰公司 Bohemian Coding 所创建。Sketch 的开发专注于 UI 设计，基本界面上几乎所有常用的功能都可以直接一键直达，基于 Mac 特性，在内容编辑区内，用户可以方便地使用 TrackPad 自由缩放、移动。它的一大优势是针对 UI 设计的操作和交互

图 4-7   Sketch 软件界面

模式,用起来非常高效,同时还能大幅度提高非设计部分工作的效率（见图4-7）。若搭配Silver,在导出和插件方面也有强大优势。它能打通设计师和工程师之间的鸿沟,使人们便于在一个大规模的设计系统中协同工作。在进入实际的VR原型阶段之前,Sketch是一个理想的探索工具。

4.6.4　Adobe Experience

老牌公司Adobe在近年新推出的一个用户体验设计工具,简称XD。是一款矢量化图形设计＋简单原型制作的软件,有点类似于 Sketch + Silver 的组合。其整合了线框图、流程图和原型设计的功能,支持的设备与尺寸也较为丰富。它的优点在于自带了一些常用的 UI Kits ,比如iOS、

图 4-8　Adobe Experience 软件界面

Google Material 等,能帮助设计师快速从素材库选取内容搭建页面,十分方便（见图4-8 ）。XD的界面简单易懂,也能通过点击实现页面交互。

4.6.5　Cinema 4D

一款优秀的3D的表现软件,由德国Maxon Computer开发,以极高的运算速度和强大的渲染插件著称,很多模块的功能在同类软件中代表科技进步的成果,并且在用其描绘的各类电影中表现突出。利用全新的交互式工作平面模型、动态指导和完全重新设计的拍摄系统来准确地创建模型,并有逼真的渲染效果。同时还有很多好用的插件供选择（见图4-9 ）。C4D的社区很活跃,可以从中找到不少高质量的学习资源。与众所周知的其他 3D 软件一样（如 Maya 、Softimage XSI 、3D Max 等）,Cinema 4D 同样具备高端 3D 动画软件的所有功能。所不同的是在研发过程中, Cinema 4D 的工程师更加注

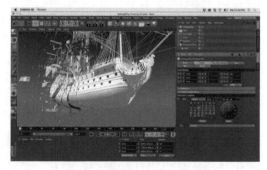

图 4-9　Cinema 4D 软件界面

重工作流程的流畅性、舒适性、合理性、易用性和高效性。因此,使用 Cinema 4D 会让设计师在创作设计时感到非常轻松愉快,其操作简单,学习曲线低,稳定性好,运行快速。即使是新用户,也会感觉到 Cinema 4D 的上手非常容易。

4.6.6 Maya

一个内容全面,功能强大的3D动画软件,由美国Autodesk公司出品。Maya功能完善,工作灵活,制作效率极高,渲染真实感极强,是电影级别的高端制作软件。Maya 集成了 Alias、Wavefront 最先进的动画及数字效果技术。它不仅包括一般三维和视觉效果制作的功能,而且还与最

图 4-10　Maya 软件界面

先进的建模、数字化布料模拟、毛发渲染、运动匹配技术相结合,其强大的功能可以应对繁重的工作负荷,同时还拥有很高的定制化能力,堪称业界典范。3D艺术家可以根据自身的特定需求来组装定制工具集,Maya作为一个平台能将所有组件整合为一体。Maya 可在Windows NT与 SGI IRIX 操作系统上运行。掌握了Maya,会极大地提高制作效率和品质,调节出仿真的角色动画,渲染出电影一般的真实效果(见图4-10)。

但另一方面,为了熟练操作和准确运用这一软件,使用者需要投入大量的时间精力进行练习和实践。学习过程相对较长。

4.6.7 Unity

一个高市场占有率的主流的游戏引擎,由 Unity Technologies开发,这个综合型的开发工具能让开发者创建诸如三维视频游戏、建筑可视化、实时三维动画等类型的互动内容,是个全面整合的专业游戏引擎。Unity类似于Director, Blender Game

图 4-11　Unity 软件界面

Engine, Virtools 或 Torque Game Builder 等利用交互的图形化开发环境为首要方式的软件。Unity 社区成熟,资源丰富,包括简单的 3D 模型、完整的项目、音频、分析工具、着色工具、脚本、材质纹理等,在其 store 中一应俱全。Unity 很多优秀的插件弥补了自带 3D 编辑器的不足。Unity 支持所有的主流 3D 格式,在 2D、3D 的游戏开发方面均表现优秀。许多工作室使用 Unity 作为后期开发的主要工具。使用者可以在 Unity 中进行 3D 动画的编辑,多个 UI 界面的创建,预览 VR 原型并调整各种参数以获取最佳效果（见图 4–11）。

另外 Unity 提供的学习平台非常不错。学习教程和学习资料覆盖面广且质量很高,对初学者来说上手也不难。

4.6.8 GoPro VR Player

GoPro 公司是美国一家研制及生产供极限运动使用的高画质录影器材的公司。主营产品 GoPro 相机是一款小型可携带固定式防水防震相机, GoPro 搭配无人机,可以运用在许多 360° 摄像中,非常适合用来录制 VR 视频。而 GoPro VR Player 是一款来自 GoPro 的 360° 内容播放

图 4–12　GoPro VR Player 软件界面

器,免费供用户使用。可以通过它将视频与现实结合在一起,在实际 VR 设备环境中预览设计方案（见图 4–12）。

4.7　故事板设计

在对目标用户有了一定了解后,建议用故事板将调研结果结合产品内容呈现出来。故事板是运用一系列的插画,每张记录一个关键的瞬间,然后将所有的插画连起来还原一个故事的表现形式。是一种直观的信息传输工具和实用的探索工具,起初源于电影行业。VR 产品的沉浸式体验,和电影有一定的相似之处,而在用户体验设计中,故事板也是一种理想的表现形式。它能利用一系列的插画故事将用户的心理活动、行为习惯、产品交互和使用场景等表现出来。

故事板的特点在于：

可视化——用图片而非单纯的文字将概念、观点、信息等直观地表达出来，使其一目了然；

记忆性——图片信息更容易让人理解与记忆。有研究表明，人脑对视觉影像的处理速度比文字快，图片信息的可记忆性同样比文字强许多倍；

同理心——每个人都能从故事中找到相似的经历、心情、事物，从而更能理解其中的人物以及人物的行为；

参与度——故事有一种引人入胜的力量，会吸引更多的人参与其中而贡献自己的观点、看法。故事板的设计应该是一项团队活动。如条件允许，建议开发人员多参与讨论，加深对用户体验的理解，以用户为中心构建符合用户需要的VR体验产品。

借助故事板的探索模式，可以自然地理解领会并预测，随着时间推移，用户在思想和行为上的逻辑特征以及产生的变化。在VR产品的设计过程中，可以用故事板的形式将重点场景用草图勾勒出来，视觉化组织创意，从而使设计思路更为清晰。同时，VR产品的故事板要考虑到用户在虚拟环境下的各种状态，如果体验包含用户交互的元素，每一种交互方式也建议画在故事板上。通过故事板，产品开发人员能够更完整地了解场景背后的语境和等待被验证的假设。

故事板可以是简单数笔的手绘草图，也可以是非常详细的全彩原型图，根据不同项目需求选择不同表现形式。建议在产品设计之初，用简易的方法完成故事板的初稿，见图4-13所示。这时的故事板可以是粗糙和不精确的，在此基础上，通过团队的讨论与修改，再经由用户测试对比完善，会有更成熟版本的迭代更替，故事板的最终版可以加上一些细节的设计。

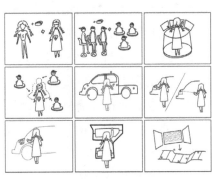

图 4-13　VR 体验故事板初稿示例

4.7.1　故事情节设计

VR作为一个信息载体，能把用户非常直观地带入故事的世界中。VR体验的用户也应该成为故事主动的参与者，不是被动的观看者。这也完全改变了传统故事创作过程。VR体验以高科技的加成为用户提供了一个全新的体验环境,更为高强度的视觉听觉刺激。而剥离这个技术外壳,最核心的价值体现还是那个所讲述的故事及其精神内涵。但实现从虚到实、在自由的虚拟时空内讲述一个让人信服的、有感染力的好故事并非易事。理想的故事情节设计,有起伏、有波澜,VR绝对有潜力来包容各种复杂的叙事以及交互。当然,建议先搭一个骨架,从简单的故事架构开始,写一个简单的故事,可以免去一些修修补补,更顺利地展开创作。

这里可以借鉴Freytag金字塔模型[1]（见图4-14）,它对故事结构的定义清晰实用——给予铺垫、让情节渐进上行、达到高潮、让情节降缓、给出结局。

若将其进一步细化,故事情节的设计需要考虑到这些因素:

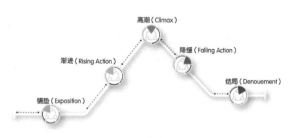

图 4-14　Freytag 的金字塔模型

故事背景,环境信息,故事的起因,角色的情感,角色的行为,故事的高潮,后续的发展,故事的结果,或还包括遗留的问题。结合这些要素,将VR体验整合成一个完整的故事。

首先,当用户开始进入虚拟世界时,将故事背景、环境信息、故事的起因这三方面告知用户。这意味着给用户一些东西来学习,发现事物,揭示事物。通过环顾这个空间,让他们有所发现有所了解。然后,用环境烘托出情感氛围,并鼓励用户做出相应的举动（即使用户只是被动观影,开发人员也应该有意识地引导他们看向某个方向,集中注意于某些方面）。当用户得到一些清晰的暗示,"我现在应该怎么做",并按正确的步骤做了,需要及时给予反馈:这便是行为的结果,行为的结果推动故事发展走向高潮。之后,可以让故事节奏稍稍走缓,给予一些线索让用户知道故事接近尾声,然后给出故事的结局。若还有后续,比如下一季的体验,在结局部分可以提到那些遗留的未解决的问题,让用户有兴趣并期待又一次的体验。

4.7.2　线性体验设计

VR产品的体验形式,一部分是线性的叙事结构,就像VR电影,分段的任务,有明确目的性结尾的游戏,以及所有基于时间顺序的其他VR体验。若其中包含交互,交互则也被划分为一些固定的步骤,在一个预先设定的线性轨道上,次序性地铺陈情节,引导用户按照固定的节奏进行观看和交互。相对来说,线性设计的设计开发较简单,用户在体验初期不需要长时间的学习曲线,体验过程不需要用户过多的思考选择步骤,某些用户也习惯于这种直接的交互方式。

VR线性体验的故事板结构直观明了,可以依照以往的故事板设计程序进行,选择关键的时间点,或者既定的阶段性步骤,一幕幕进行创建,将重点场景结合用户行为表现出来。如图4-15、图4-16所示。

图4-15 基于时间的线性体验　　　　图4-16 基于步骤的线性体验

4.7.3 非线性体验设计

非线性的VR产品体验,根据Wikipedia的解释,包括开放的探索性的VR;由用户行为决定的多分支叙事(Branching Storytelling)对应传统单线程的叙事,可谓"进程和剧情的自由";以及独立于用户行动存在的沙盘式世界(Sandbox World)对应传统上只有用户行动才能产生反应的世界,可谓"玩法和反馈的自由"。

由于在VR体验中,360°的全景使用户有随意转换视角的自由,特写这类在传统影视及游戏中的表现形式会失去效果,单一主线情节在吸引用户注意力方面也许会存在无力感。用户在360°的全景状态下,必须主动选择看什么以及什么时候看,将各种片段结合,然后在头脑中形成故事。这样,没有两个人经历完全相同的故事,因为没有两个人以完全相同的顺序看完全相同的东西。[2]如此,使用非线性体验设计可能会更符合用户需求。这样的设计打破了线性的限制,赋予了用户更多的选择自主权,在整个过程中用户将拥有更多的决策力,整个交互体现和放大了用户的理解力与个人喜好。会让不同用户拥有不同的个性化体验,甚至每一次重新开始的体验都可能与前一次有所不同。

比如,存在交互节点的VR电影,体验者在观看时,并非被动接受既定的剧情发展,而能够拥有一定限度的自主权,在情节走向、时间先后、人物视角等方面做出个性化选择，并由此对故事的发生发展起到转折和推动作用，进而走向不同结局。就像Oculus在2015年推出的首部虚拟现实微电影《迷失》，它所呈现的便是交互性的叙事结构。电影讲述了一段机器人手臂，在漆黑的森林中寻找自己所遗失的身体部分的故事。体验者可以选择性地查看一些时效性区域，将其激活，从而找到隐藏的剧情线索。"这些交互式的主辅线剧情需要精心的设计安排，对创作者的艺术功底和编剧水平提出了更高要求。" [3]

这类VR产品的体验形式，从大趋势来看是当前的主流，符合用户"个性化"的体验要求，但这也对产品开发人员提出了更高的要求，且技术实现方面还需要克服很多难关。设计师需要全方位地考虑整个体验中的各种问题，怎样选择重点场景、怎样实现从一个场景到另一个场景的自由转换，都需要结合前期的调研结果来研究处理。同时，也要注意留给用户足够多的线索并提醒用户阶段性的目标，以免过于自由的剧情导致用户的体验漫无目的，产生无聊与倦怠感。

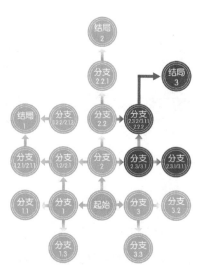

图4-17是一例非线性体验的叙事结构，用户有权力决定体验的走向与最终结局。

图4-17　基于用户选择的非线性
体验

4.8　确定视线基准

常用的视线基准有两种：地面基准和眼高基准。两种选择具有各自的优劣势，开发人员需要根据不同实际需求进行选择。

4.8.1　地面基准

当视线基准设置为用户所处的地面，被称为地面基准。当开发者把地面作为基准时，用户在虚拟世界中的视线高度将会与现实世界中的视线高度保持一致，与实际情况相似，可以说是用户所习惯的角度，这有利于提高沉浸感（见图4-18）。但同时，如此一来相当于设定了用户在虚拟世界中的身高。理想的情况是将游戏角色模型的高度能够随用户的实际身高进行适当的调整，或既定数个不同高度的角色模型，以匹配不同身高组的用户。

图4-18　地面基准——VR游戏 *Robo:Recall* 截图

4.8.2　眼高基准

当视线基准设置为用户眼睛的高度，被称为眼高基准。如此，开发者就可以控制用户在虚拟世界中的视角高度。这适用于角色具有特殊高度值的VR体验，或者开发者的目的是给用户提供不同于现实生活体验的视角（见图4-19）。比如，可以用一个较低的高度值来展示在孩子眼中的世界，或者模拟更多样的角色设置，像小矮人、巨人、动物或者会飞的生物——鸟类、精灵、天使，甚至是上帝视角等。眼高基准也常用在以坐姿体验的游戏中。

但是，使用眼高基准的问题在于，开发者无法得知物理世界中真实地面的位置，这会使得类似卧倒、蹲踞和从地面捡起东西这一类的互动设计变得更加复杂。[4]因此眼高基准的体验中，地面的位置设计需要经过精心考虑和测试。

图4-19　眼高基准——VR游戏 *Giant Cop* 截图

4.9　时间控制

时间控制主要指在每一环节，开发人员为用户预留的体验时间。时间控制的重要性在于为整个VR体验营造一种张弛有度的叙事法则。

人对时间的感知是不稳定的,容易受到其他因素的影响,比如心理状态和信息量大小。就像等待的时间总是显得特别漫长,而愉快的心情下时间又会流逝得特别快;简单的场景故事不需要长时间的停留,而信息量大又复杂的交互界面需要更多的时间让大脑去思考判断。开发人员对VR体验的时间控制要有一定的把握,对总体节奏的急缓、疏密、快慢进行设计和驾驭。

对于总体的体验时间,由于受到硬件佩戴的舒适性等一些因素的制约,建议现阶段的VR体验每次控制在30分钟以内。当然,对于某些VR体验,比如大型游戏、长时间的球赛等,总时长必定会超出半小时以外。开发者可有意识地将整个VR体验做出分段或节点式的设计,比如,在游戏中,当阶段性的任务被完成,提供给用户锁定保存当前状态的选项,用户可以选择停止甚至退出关闭游戏;当用户在任意时间段后重新登录,仍然能够回到先前中断的地方,而无须从头进行。在VR实况比赛中,中场休息、穿插的广告时间等也是用户能获得片刻休息时间的断点。

对于不同的用户,建议给出个性化的选择。许多新手用户在体验的初始阶段需要一定的时间来适应虚拟环境并掌握操作技巧,这里可以给他们一个简短的交互教程,让其通过一项或几项任务学会一些基本操作。而资深用户则可以选择跳过这一环节。

参考文献

[1] Freytag G. Freytag's technique of the drama: an exposition of dramatic composition and art[M]. Scholarly Press, 1896.

[2] Newton k, Soukup K. The storyteller's guide to the virtual reality audience[EB/OL].(2016-04-06) [2018-01-05]. https://medium.com/stanford-d-school/the-storyteller-s-guide-to-the-virtual-reality-audience-19e92da57497.

[3] 赵艳明. 技术创新:电影将让人身临其境[J]. 中外文化交流, 2016 (4): 55-56.

[4] Pruett C. Vision 2017 – lessons from Oculus: overcoming VR roadblocks[EB/OL](2017-05-17) [2018-02-10].https://www.youtube.com/watch?v=swA8cm8r4iw.

第5章

虚拟现实
用户体验
——模型设计

虚拟现实让用户能够在一个虚拟的数字空间中获得有如现实世界的沉浸式体验。为了使这种体验更具真实性,这就需要一个具有真实感的三维空间环境,以及各种逼真的数字模型对象。由此,虚拟现实建模技术应运而生。进行体验时,用户将置身于虚拟环境中,通过角色扮演与众多虚拟对象产生交互。因此,虚拟现实中的模型设计需要考虑到用户对真实世界的认知,其中的对象模型设计、环境模型设计,以及角色形象模型设计,都有其特定的设计原则。

5.1 对象设计

VR沉浸感的重要来源就是3D化的各种对象,整个虚拟世界是由场景环境及互动对象的3D模型共同组成的。用户在虚拟世界中的预期,不会低于真实世界,这种期待需要依托细致的对象设计来满足。这里的对象设计主要指游离在固定环境之外的各种可互动或功能性的物体及人物,这些3D对象可以自由分布在三个维度的任意位置,承载着不同的视觉表现力和交互功能,结合环境,共同为用户打造一个虚拟世界。

根据不同VR体验的设计目的,具体对象的表现形式也有所不同。比如,VR卡通游戏中的对象设计可以较为夸张化,选择性使用高饱和度的色彩搭配;VR商品展示中的对象设计则需要尽量写实,与实物靠拢;医疗辅助的VR体验,可以让对象模型适当放大,并使用较高对比度,以追求更清晰明了的视觉效果。举个具体的例子——关于电子商务家居产品的VR体验,若能将各种商品以三维高精模型立体地、可交互地展示在用户面前,用户就可以全方位、直观地了解商品大小、颜色等具体信息,相当于直接面对实物商品。用户也可以在虚拟环境下自由搭配各类风格,选择自己心仪的商品组合。这样,能够有效促进用户的购买欲并激发购买行为。

以下将会阐述一些VR对象设计中应该注意的基本原则。

5.1.1 可见与不可见

在空间中,头部的朝向决定了约210°是可见区域,而其中的140°左右是易观察的区域,如图5-1所示。

虚拟环境大多是360°全景

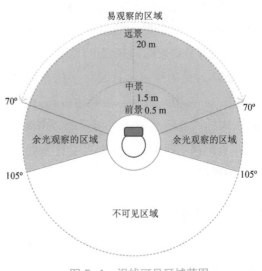

图 5-1　视线可见区域范围

的，各种3D物体会分散分布在三维空间的任何位置。当用户首次进入虚拟世界中的每个新环境时，需要用户关注的对象应被放置于视线中心，用户会依照现实生活中的视觉优先级依次去理解认识这个虚拟环境。理想情况下重要对象应时刻排布在可见并易观察的区域，但用户在虚拟世界里可以自由探索空间，开发者往往不能决定用户是否移动位置，是否在VR体验中转动头部，或者往哪个方向转动头部，因此对一些情况应有预判——比如，当用户误入一个死角而看不到重要对象时，应有方法让其快速脱离环境角度的制约回到一个先前的默认地点。

5.1.2 大小、比例、颜色、材质、远近

VR中物体对象的大小与比例的调整会带给用户不同的感受。与现实世界相仿的大小比例会给用户一种现实生活的代入感；将用户的虚拟形象放大，或缩小物体对象，会让用户感觉这一虚拟形象具有额外强大的力量和主宰能力；若将用户的虚拟形象缩小，或放大其他的物体对象，则会让用户感觉这一虚拟形象是弱小的、力量薄弱的，或可爱单纯的、精于细节的。

物体对象的颜色可以提供给用户的信息符号——与周围的对象和环境相比，用出挑的颜色，甚至闪光来显示的往往是需要用户注意的重要对象，可以让其承载关键的交互功能。

材质和肌理也是对象设计的重要组成部分，一些材质会鼓励用户接触——如毯子、毛绒类玩具等，一些材质会告诉用户不能靠近——如火焰、破碎的玻璃等。纹理本身即深度的暗示信息——纹理偏大而清晰的部分一般离观察点较近，偏小且模糊的部分则表明离观察点较远。

物体对象的距离远近强化了信息层级。人对于空间的感知主要来自于两眼的视差，在空间里，人会很自然地将其分割成几个不同区域——以自身为中心大约2m以内的“近距离空间”，稍远的“中间区域”，以及距离自身20m远以外的“远处”。近距离空间中的物体对象会比远处的物体对象更易引起关注，用户也倾向于首先与这些物体对象进行交互。

5.1.3 视觉焦点

VR中如此宽广的视场有可能造成的一个问题就是视觉中心分散。解决的方法有以下几种：

（1）利用灯光和明暗度制造视觉焦点——这有如聚光灯的效果,用户会很快知道这是需要自己注意的对象。

（2）利用画框和遮蔽的限制挡住其他物体——比如,左边的视线被一大堵墙挡住了,用户自然会转换方向去看右边。

（3）利用物体自身的变化状态——比如,当对象的颜色、大小等外观因素在短时间内产生变化时,用户会有意识地去注视它。

（4）利用不同的运动形态吸引用户——比如,在静止的场景中突然出现一个移动的对象,或者将主要物体的运动方向与其他物体相反,都可以有效吸引用户视线。

（5）利用声音引导用户关注——当用户关注点不在重要对象上时,可以用一些声音去引导用户转换视线。比如,用鸟儿的叫声、风铃的响声或东西掉落的声音等让用户注意到画面的某个角落。

5.1.4　对象认知

与传统 2D 体验相比,VR 中的对象设计需要考虑到用户对其的现实认知,原本可以忽视的细节也变得重要起来。由于在虚拟环境下,用户的自由度大大提高,他们可以接近、观察、操作任何东西,因此各种物品的特性表现必须与用户对其的期待相符,否则会即刻打破沉浸感。比如,当用户捡起一个玻璃瓶并向前扔去,用户将默认玻璃瓶应该破碎;或者用户打翻一个茶杯,其中的茶水应该顺应流出。如果没有这样一个结果,且没有合理解释,沉浸感会被破坏。所以,当进行对象选择时,必须保证所选的物品能以符合用户预期的特点来呈现表达。

5.2　角色形象设计

在 VR 中,用户多是以第一人称视角来进行体验的,用户看到、听到、感知的均带有主观色彩,因此也叫做主观视角。 用户进入虚拟环境后,往往会思考这两个问题:我是谁? 我在这里干什么? 对角色形象的设计就是为了回答第一个问题。

角色形象设计最基本的考虑因素是视角高度。体验过程是坐姿还是站姿,用户是成人还是儿童,视角的高度都完全不同。因此,在进行角色形象设计时我们首先需要有一个明确的用户模型,做出有针对性的设计。

其次,对角色的形象设计需要有重点和取舍。当用户往下看时,若看到的是一览无余的外部环境、没有形象没有身体,也许会让他们感到疑惑和不安。因此,建议对角色形象进行一定的设计和显示。但是,基于现阶段技术条件的限制,展示一个全身的虚拟形象也会存在问题——因为要展示身体,就需要预测腿、胳膊和躯干的位置。谷歌虚拟现实团队用户体验设计师罗比·蒂尔顿(Robbie Tilton)表示:"用户看到自己的身体时预计它会在某个位置,但实际位置却与之并不吻合……全身虚拟形象很难呈现。"角色形象设计并非事无巨细地设计整个人的模型并完全显示,腿的部分尤其是难点,若和用户的状态不符将会大大影响沉浸感,建议用模糊化的方式处理。但可以具象化手臂和手部,将其与用户的肢体动作结合起来,用户就能在短时间内识别并认同:这是"我"这一角色的手臂。在部分VR体验,比如社交类的VR应用中,用户除了能看到自身的形象,还可以看到别的用户(见图5-2)。对别的用户的形象显示,除了手臂的部分,还应该重点刻画头

部。配合头部动作的捕捉和显示,体验将增强互动性和趣味性。

图 5-2　Facebook Space 的用户形象设计

最后,积极的、美观的角色形象会比消极的、丑陋的角色形象更能让用户产生认同感。建议对角色形象在设计时适度进行美化。

具体的角色形象设计,应考虑到以下方面。

5.2.1　本人还是其他角色

VR中的角色形象,根据不同设计目的,可以是以本人的形象出现,写实的或者卡通的,但身份即用户自身。比如,VR社交平台,用户可以选择与自己相似的形象——肤色、性别、发型、服饰等,扮演的就是用户自己。这一类的角色形象设计,建议针对不同用户进行个性化定制。若给一个黄种人用户搭配一双白种人的手臂,或者给一个男性用户一双女性的双手,势必会引起用户的困惑和不解。理想化的流程是当摄像头拍摄到镜头前的用户后,通过AI运算自动匹配或绘制一个3D用户形象,并能将虚拟形象的眼睛、嘴巴、手等面部器官和肢体与真人对应起来,当用户做出各种动作时,虚拟形象会完全映射这些动作。当然,现阶段这一技术还未普及,那就需要提供给用户一个模型库,让其做出个性化的选择,来组装搭配出一

个自己。

如果需要简化开发任务，简单化角色形象，则可以选择抽象化，或者模糊表现一些包含用户个体特征的肢体模型（见图5-3）。比如，给用户戴上长筒手套，或使用不含任何肤色信息的中性色（如蓝色）来渲染手部。

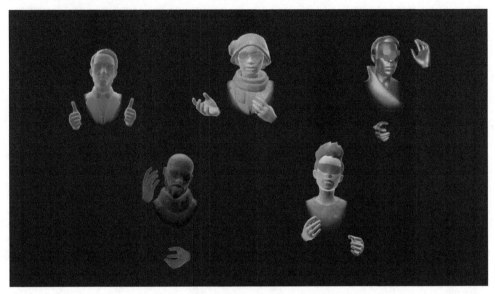

图 5-3 用户形象设计示例 (Oculus Blog)

用户形象也可以是和自己并无关系的角色扮演。比如VR科幻类和战争类游戏，用户可以化身成一个机器人，去完成人类无法直接完成的工作任务；或者是全身穿着盔甲，头上戴着头盔的战士，正在与敌人进行激烈战斗，或被派遣到一个极端环境守卫领地等。这时开发人员需要为用户设计一个特殊的化身形象(Avatar)，以适应VR体验的情境。这类的形象目前运用较广，主要原因有两个：一是符合VR体验开发的主题，科幻、玄幻、战争等游戏类是VR应用的热点；二是假设性的角色，可以不需要为不同用户进行个性化定制，机器人并不一定需要有性别，全身覆盖盔甲也遮盖了个体特征。这就可以减少开发任务，用一个形象代表所有用户。当然，如果能加入一定的个性化选择也是会加分的。特别是针对用户的身高给予一定范围内的调整空间，可以让用户更好地将自己与VR中的角色形象等同起来。

5.2.2 VR体验中用户的姿势

用户是站着还是坐着，视角差别很大，若用户用站姿来观看VR中设定的坐姿视角画面,他/她也许会有一种"我现在是不是弯着腰或者蹲着"的压抑感;同理,用坐姿来体验预设给站姿的虚拟环境,用户也会感觉自己飘浮在空中,或者有成为了巨人的错觉。这都将对体验的沉浸感产生负面影响。

因此,当用户刚进入甚至还未进入VR环境时,需要自动检测出用户的姿势来进行相应视角的转化,或直接用信息告知用户,应用何种姿势进行体验。同时,在设计角色形象时也应对其进行相应的设计。若用户在现实中处于坐姿,建议在VR体验中也提供一个可以"坐"的装置。这样能让用户产生某种关联,给他们一种身临其境的感觉。当然,很多时候用户在虚拟环境中可以移动,在此情况下,可以将其设计成用户坐在驾驶舱,用户坐在太空舱,椅子有可快速移动的滚轮,椅子下有飞盘等。

5.2.3 角色形象是否和交互过程相关联

角色形象的头部及双臂是设计的重点,若一个VR体验同时存在交互,大多使用的也是头部及手部交互。因此设计的时候除了外观还需要考虑交互的方式。

头部的交互,比如VR社交中用户看到其他用户的点头、摇头、凝视等动作,若能触发一系列事件,则应将其表现的明显而直白,如适当放大眼部的大小,动作的幅度,加载一些小动画,以免某个交互控制被忽略。

双手的动作也是一个重要方面。许多VR运用甚至将虚拟角色形象的手臂和双手作为交互的加载器之一,这就需要在角色形象设计中对其进行同时考量。比如,一个化身为机器人的用户可以通过触动手臂盔甲上的按钮打开一个界面进行下一级的操作。这种情况下,对手臂盔甲外观的设计,按钮的排布,另一只手触发按钮的方式,界面弹出的位置,界面的朝向等都应在设计角色形象中结合在一起统一思考。

图5-4是Leap Motion展示的一个小工具,主要的UI交互与VR空间内的手臂相关联,通过双手的动作来进行信息定位和控制。它最具特色的一点是能根据用户当前的手臂方

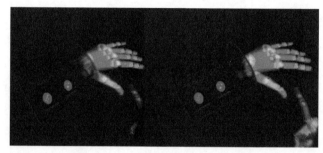

图5-4　Leap Motion 手臂按钮控制设计

向改变功能。如果用户像检查手表一样握住手臂,更改手腕内侧朝向,就会看到呈现的信息设置。用户可以通过按各种按钮和滑块来更改这些设置。[1]

这一方面,Facebook Space的角色开发团队也分享了他们得出的经验,为各种交互元素制定了基本规则,如下所述:[2]

语音——用空间音效;

1∶1追踪——不要用动画破坏这个规则;

手部动作——说话以及和环境互动加入各种社交手势;

眼神与眨眼——只要用户确实有眨眼,那么程序模拟的眨眼动作是必需的;

凝视跟随——创造用户之间的联系或者暗示用户该看的方向;

嘴唇同步——这很重要,它用来表明哪个用户正在说话;

表情——在更好的面部表情捕捉技术发明之前,添加表情包,帮助用户表达情绪;

手臂和身体——从第三视角来看形象应该有手臂和身体,不能只是个漂浮的脑袋;但用户看自己不应该有手和身体,因为现在的定位追踪还不准确。

5.2.4　角色形象和真实形象的关系

Masahiro Mori教授在20世纪70年代提出了"恐怖谷"理论,当人类看到与自身相似的物体,在一定范围内会引起的一种混合了奇怪和恐惧的感觉。并预测随着人偶或其他物体与人类相似度的提高,人们对人偶或其他物体的喜爱度会越过恐怖谷效应,而呈现上升趋势,直到真实人类的形象后达到顶点(见图5-5)。[3]

但是,新的理论研究表明,诞生于70年代的"恐怖谷理论"

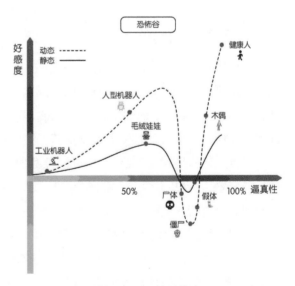

图 5-5　恐怖谷效应

有瑕疵,真实的情况是"恐怖谷"更像是"恐怖悬崖",当一个人偶或其他物体变得越来越像真实人类时,可爱性并不会完全恢复。[4]Jessica Outlaw 在 Medium 上撰文指出,因为即便是一个真人的照片,也不能达到毛绒玩具那样高的人类喜欢程度。[5]

因此,除非是定义为惊悚风格的体验,最好避免在角色设计中设置过于写实的形象,因为即便与真人一模一样,用户也未必会喜欢,反而会引起用户的困惑与不适。比如,一双过于写实的双手,大小肤色着装又与用户认知中的自己不同,视觉表现不一会使用户抗拒接受或会破坏用户的沉浸感。所以带一点卡通感的3D人物或比较炫酷的机器人是较为常用的角色形象。

5.3 环境设计

环境设计是沉浸感产生的关键,因此开发人员需要找到一种合理有效的表现方式以期给用户带来身临其境的独特体验。VR环境设计,除了个别场景会以2D的平面形式表达,绝大部分都是三维场景架构。虚拟三维空间建模的好坏会直接影响用户的体验感。场景过于简单,会让用户觉得虚假,复杂精细的场景对计算机处理能力有更高要求,且有增加延迟率以及交互难度的潜在可能性。因此需要把握一个平衡点。

5.3.1 建模和绘制技术

虚拟场景建模和绘制技术通常分为三大类:基于几何图形学的三维几何模型建模和绘制（geometry-based modeling and rendering，GBMR）,基于图像的建模和绘制（image-based modeling and rendering，IBMR）。IBMR技术是近年来国际上流行的用来构建虚拟空间的技术）,以及基于图形和图像的混合建模技术。

三维几何模型建模和绘制,还可以分两种———一种是从真实物体出发,借助三维扫描装置,自动重建物体的三维模型;另一种是参考真实物体,从零开始,交互式地创造全新的三维概念模型。第二种方法是在计算机中用建模软件建立起三维几何模型,通过在三维空间中勾画一组三维参数曲线来表示物体的抽象模型,也可将其转换为特定视角下的二维视图,使用计算机的硬件功能和相应的绘制算法,实现消隐、光照、明暗处理及投影等过程,从而生成场景物体。[6]

基于图像的建模和绘制,通过利用场景的图像,基于预先采集或生成的场景画面数据,构建目标景物的几何或光照属性,或直接生成其在不同视点、不同光照条件下的新的图像。因为图像中包含了大量的视觉线索信息,如轮廓、亮度、明暗度、纹理、特征点、清晰度等,基于图像的几何建模研究如何通过运用上述视觉线索信息,并结合估计得到的相机镜头与光照环境参数,进行光学投射变换的逆变换运算,恢复出物体或场景的三维信息。[7]只要有足够的图像及图像与空间的对应点,就可以通过因数分解的方法进行重建。它绘制速度更快,与模型复杂度无关而且对资源要求更少,并能使绘制结果更具真实感。

建议使用基于图形和图像的混合建模技术,即把以上两种方法结合起来使用,充分发挥各自优势而弥补其不足。

理想情况下模型的精度越高,给用户带来的真实感越强。 但由于现阶段的技术所限,模型精度会影响到系统的读取速度;同时,当把高频率的模型放置在远距离处,容易产生锯齿感。因此建议对模型精度的控制采取折中方法,将近距离模型的细节量和远距离模型的细节量区分开来。根据距离优化视觉,近距离上的模型的视觉量需求较高,可以进行着重刻画渲染;远距离上的模型则可以通过光影、遮挡、模糊等方式进行简化,以保证整个场景的快速读取速度。

5.3.2 环境风格

如非设计目的所需(为了刻意营造的惊悚感、压力感等),开发人员应为用户创造一个舒适良好的虚拟环境。"我们发现,人们在令人愉悦的环境中能够展现出更强的互动性。"谷歌虚拟现实团队用户体验和原型设计师曼纽尔·克莱蒙特(Manuel Clement)说,"但我们不应该这么快就在虚拟世界中复制现实环境——至少不应该不假思索地这样做。"他们认为应该让用户体验不可思议的环境。这也许会给用户带来更多的新鲜感并激发用户的探索欲望。

环境中的光照,包括自然光线和人造光源的使用,可以让整个画面具有更强的立体感和艺术感。环境阴影,如果运用得当,能让场景富有层次,并更好地帮助呈现VR体验的内容剧情,提升体验效果。

同时要注意,过亮或者过暗的环境,以及较高频率的光线闪烁容易导致视觉疲劳,由于用户的眼睛和屏幕的距离相当近,肉眼对VR体验下的环境光线会较为敏感。环境设计时需要注意光线的照射角度以及明暗对比。当强烈的光线直射眼睛时,用户会感到不适,因此对光源的亮度和方向需要经过测试。

当场景发生改变时,明暗度不能在短时间内产生太大差异。人的眼睛需要时间适应环境,正如从黑暗的电影院走到光照强烈的室外,人会觉得光线过于刺眼;将用户从一个较暗的场景中瞬时转移到明亮的场景中,用户也会产生不适,反之亦然。

5.3.3　地形特征

　　虚拟环境模拟自然环境是一种常见的处理方法,当选择此类环境时,需要对各种地形特征有一定的了解。根据James Gibson的理论,地形可大致分为八个类别[8],包括——地面、路径、路障、阻挡、水域、悬崖、台阶和斜坡。各种地形的特征如图5-6所示。

很少呈现完全开放的状态而通常堆砌着其他地形元素。区别在于,完全开放的地面允许事物向任意方向移动,而后者只允许事物往开口处移动。 **地面**

以江河湖海池塘小溪等的形式表现,可以阻止事物移动,也可让事物通过游泳、潜水、使用交通工具等方式在其中移动。 **水域**

用来指引事物从一个地点移动到另一个地点,或一种地形移动到另一种地形。 **路径**

表示极限地带,或者危险地带,告知事物需要避开的地方。 **悬崖**

中等大小的障碍物,若与之接触会发生碰撞。 **阻挡**

提供上行或者下行的区域。 **台阶**

大型障碍物,通常用来阻碍视线和事物运动过程。 **路障**

根据各种斜坡不同的角度和纹理,斜坡可以承载或者不承载事物的移动。 **斜坡**

图 5-6　八个类别的地形特征

　　有目的性地运用这些地形特征的组合,来构建虚拟环境模块,可以创造出自然的符合人类直觉认知的VR体验环境。另外经由多方团队的实践,建议虚拟环境中包含可见的、稳定的视平线。若非处于空中、海底、宇宙等环境,用户所看到的地面不应显著倾斜,以避免引起用户的迷惑和眩晕。

5.3.4 环境动效

环境动效能够有效烘托氛围,增强沉浸感。比如,河水流动,风吹落树叶,冬季的飘雪,天空中的鸟儿飞过等。这些特效能给环境注入生机和活力,并给用户一种愉悦感,让用户感觉更为真实。一些动效也可以是功能性的,比如用夜晚的萤火虫飞舞的路线指引用户视线,从而提供关键的视觉信息(见图5-7)。

图5-7　VR 游戏 *Gnomes and Goblins* 的环境动效

一些特殊处理的环境动效也会带来特殊的环境提示。环境物体表面视觉信息的改变会给用户带来直观的感受。用户从空间环境的动态变化提取的含义中最明确的一项是环境的安全感。特别是在高空/高架环境下,若用户脚下的环境物体视觉形象是坚固且较厚的,会给用户带来较好的支撑感和平衡感。若脚下的环境物体可变形,则会打破这种感觉。同样的,视觉上改变物体的表面硬度也会带来类似效果。比如裂纹、溶化、扭曲等动效,会给人一种不安全感,甚至导致用户失去身体平衡。用户周围空间的环境物体,比如,环绕状的墙壁、山脉、岩石、机舱等,坚硬而牢固的纹理质感会让用户感觉安全而稳定,若加入碎裂、摇晃等动效则会带来紧张、慌乱的不安全感(见图5-8)。

建议根据VR体验的主题目标,选择是否加入,以及加入何种环境动效,从而更有效的烘托氛围,强化沉浸感。同时需要注意的是加入环境动效有可能会让计算机运行速度减缓,因此建议在性能支持的情况下使用。

图5-8　表面纹理的视觉改变带来的心理效应

5.3.5 环境交互

环境的作用,除了作为一个VR体验的大背景之外,环境物体与用户之间也可以存在有效交互。这是VR擅长的表现手法,也是评价VR体验好坏的标准之一。比如用手推墙壁能把人往另一方向反弹（VR游戏lonely echo的设置）;环境中的物体可以被抓取、移位等（VR游戏*Job simulator*的设置）（见图5-9）。另一种与

图 5-9　VR 游戏 *Job simulator* 截图

环境物体的互动是将其作为阻挡、掩护、屏障等工具——在虚拟世界里,可操作范围被扩大到了用户的整个"存在范围",而非2D屏幕所在的"可视范围",有效利用各种环境设置,可以实现更进一步、更为真实地体验临场感。

5.3.6 虚拟环境vs现实环境

有效空间追踪对房间规模VR(room-scale VR)体验来说是必不可少的,通过追踪系统将会知道用户在房间中的具体位置并投射于虚拟环境。在房间规模的VR体验中,用户可以在房间内移动,除了让用户能从视觉上看到360°的沉浸画面外,用户能够在虚拟环境的一定范围内走动、跳跃,或者进行各种肢体动作,无疑会感受到很强的沉浸感。

另一方面,用户在VR体验时双眼完全无法看到真实世界的情况,这会造成隐藏的不安全性。理想情况下,开发者应将此类VR体验的虚拟环境与现实环境在某种程度上结合起来并加以调整,使虚拟环境与现实环境在一定情况下有机融合,虚拟环境的边界与现实环境的边界大致对应,并留有余量。用户在房间中走动时,为了避免产生磕磕碰碰等不必要的后果,在现实世界的边界地带,虚拟世界中绝对不能显示开放性的出口——比如现实生活中房间的墙壁,在虚拟环境下也应是"不可靠近""此路不通"的状态。例如,在VR场地游戏 *The Void* 中,现实环境中的真实障碍物被反映到了VR虚拟世界——游戏中的圆形能量桶与墙壁便是依据真实物体而建（见图5-10）。

目前能够进行房间规模VR设置的硬件设备主要有HTC Vive、Oculus Rift和Oculus Quest。HTC Vive可以用两台在墙上的"Lighthouse感应器"去实现一定空间规模的追踪，Lighthouse通过向房间扫射激光来探测用户所佩戴的VR头显的位置和手柄的动作变化，并将其模拟到虚拟世界中（见图5-11）。可追踪区域的最大面积大约为15英尺×15英尺(约21平方米)。Oculus Rift和Quest则使用了不同的追踪定位硬件。Rift利用最多三个摄像头传感器，从而实现360°的房间级定位。显示其最大活动范围约为8英尺×8英尺(约6平方米)，小于HTC Vive,但基本能满足目前大部分VR游戏的需求。Quest的追踪系统是现阶段硬件中最优秀的，它可以提供的6自由度体验，采用自带的四个摄像头传感器来实现更精准的全面追踪。同时,它支持多房间跨越体验,并可以实时感知用户在房间中的位置,且将房间中的物体投射到系统中并显示映射结果。Quest中还加入了Guardian系统——类似于虚拟墙壁系统,以防止用户在体验中发生碰撞。

图 5-10　VR 场地游戏 The Void 截图与环境对比

图 5-11　HTC Vive 房间规模 VR 示意图

5.3.7 刚体碰撞处理

虚拟环境中大多存在边界,其中又有许多是多边形刚体的边缘,比如墙壁、桌子、电器甚至大型工具。当然,我们无法阻止用户基于好奇心选择"穿透"多边形刚体,或误打误撞中做出这一动作,所以必须事先想好对策处理这样的情形。根据 Oculus 的游戏开发者 Chris Pruett 建议的,在探知到用户头部过于靠近虚拟刚体时,可以开始逐渐减暗画面,头越靠近则整个画面就越暗,到能够穿透物体的时候,屏幕就彻底暗下来。如此设计的好处是,用户很快就会意识到,如果随意穿透虚拟场景中的物体,就会导致画面丢失,从而用户会产生一些自我约束。[9]

参考文献

[1] Littlefield A. Arm HUD widget: like a smartwatch for your entirearm.[EB/OL].(2014-12-18)[2018-02-12].http://blog.leapmotion.com/arm-hud-widget-like-smartwatch-entire-arm/.

[2] Lang B. Facebook details social VR avatar experiments and lessons Learned[EB/OL]. (2016-11-07)[2018-02-20]. https://www.roadtovr.com/facebook-details-social-vr-avatar-experiments-and-lessons-learned/.

[3] Masahiro M. On the uncanny valley[J]. Energy, 1970, 7(4): 33-35.

[4] Bartneck C, Kanda T, Ishiguro H, et al. Is the uncanny valley an uncanny cliff?[C]//RO-MAN 2007-The 16th IEEE International Symposium on Robot and Human Interactive Communication. IEEE, 2007: 368-373.

[5] Outlaw J. Total recoil: the uncanny valley is an uncanny cliff[EB/OL].(2017-02-12)[2018-03-10]. https://virtualrealitypop.com/total-recoil-the-uncanny-valley-is-an-uncanny-cliff-8a35ecfadd3d.

[6] 庄一新. 基于线画的三维几何建模与分析[D].长沙: 国防科学技术大学,2015.

[7] 束搏, 邱显杰, 王兆其. 基于图像的几何建模技术综述[J]. 计算机研究与发展, 2010, 47(3): 549-560.

[8] Gibson J J. The ecological approach to visual perception: classic edition[M]. East Sussex : Psychology Press, 2014.

[9] Pruett C. Lessons from the frontlines: modern VR design patterns[EB/OL].(2017-06-09)[2018-03-15]. https://developer.oculus.com/blog/lessons-from-the-frontlines-modern-vr-design-patterns/.

第6章

虚拟现实
用户体验
——交互设计

虚拟现实中的交互模式和交互方法,会影响到整个VR体验的生理和心理感受。不同于基于2D屏幕的人机交互,有固定且规范化的键鼠操作和触摸屏操作方式,VR体验中的交互更为复杂多样,并欠缺完整而统一的认识。但归根结底,所遵循的核心即以人为本。在虚拟现实交互设计中,可以以此为原则,参考现实生活中人与物之间自然而舒适的各种动作交互,并借助控制器设备,或者语音系统,研究探索出适用于虚拟世界的全新交互方法。

6.1 界面元素（UI）设计

VR体验或多或少会涉及一定的界面元素,根据交互种类的不同界面元素的设计也各异。比如某VR电影也许只存在极少量的界面元素,但另一个VR游戏体验中也许包含了复杂交互的场景以及大量的交互动作。VR的界面设计与传统2D的界面设计有一定的相似之处,也存在其独有的特性。

对于传统的2D类产品,界面被限定在硬件屏幕尺寸之内。而在虚拟环境下,无限的空间给了界面设计无限的可能。界面不再局限于某一区域内,能以各种形式放在任何地方,也没有真正的视觉焦点,但是太多的自由度也许会给设计师带来一种无从下手感,或导致一些使用感不佳的设计结果。因此,需要引入一些基本的设计参考原则。

6.1.1 非剧情界面设计

非剧情界面（Non-diegetic UI）即传统屏幕UI中的HUD（head-up display,信息展示）,一般位置固定,通常被放置在视图边界地带,没有深度概念。非剧情界面主要作用是一些基本信息的展示,包括时间显示、进度条、生命值、得分情况等条目,其存在性能够使用户掌握全方位的信息（见图6-1）。

图 6-1　非剧情界面 – 游戏 *Mass Effect* 截图

但在VR体验中,这相当于放置了一面墙在用户和整个虚拟环境之间,会极大地影响到体验的沉浸感,因此不建议使用。

6.1.2 空间界面设计

空间界面（Spatial UI）,指的是被放置于空间环境中的UI界面,可以对应环境物体,通过调整其颜色、透明度、深度值等属性又使其独立于环境模型,现多以2D的平面形式为主。一般情况下,空间界面以悬浮形态出现在VR环境中,若用户转动头部,可以看到空间界面会相应有位置转换,给人一种整体的立体感,又能与环境分割而被清晰辨认。

曲面化设计:

许多VR体验的主菜单以空间界面的形态来表现,常常会占据视野中的较大范围。因为VR里的相对像素密集度较低,而且又有一定程度的畸变,所以简单地把界面平行放置在VR里,较远的部分就会看不清,可读性太低。现在的常用做法是将UI元素呈现在曲面上,这样,每个页面元素距用户眼睛的距离都是一定的。用户可在某一既定点通过有限的头部转动清楚看到较多的UI信息,直观且一目了然,这种布置符合用户传统的使用习惯。这类空间界面的设计被称为曲面化设计,或者环幕化设计,是一种典型的空间界面风格（见图6-2）。

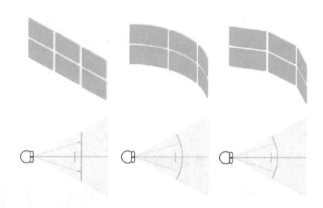

图6-2 空间界面元素的平面排布（左图）
与曲面化排布（右边两图）

为了实现这样的效果,相对较为简便的方法是将每个不同的UI元素以一定的间隔排列,分别计算出合理的角度和位置,由于其差异感使其整体呈现出曲面的效果。比如,旧版本的Oculus Home便采用了这种方法（见图6-3）。

图6-3 空间界面 – Oculus Home 截图

科幻电影中,常会出现与VR中的用户界面类似的二维界面,因角色需要,会设计的较为复杂,包含各种元素和大量信息,操作者往往用极快的速度操作控制,同时搭配各种动画特效,极为炫酷(见图6-4)。但是,如果将这些界面直接拿过来放在VR中给用户使用,用户难以在短时间内提取、消化、选择信息。从易用性角度来讲,此类界面色彩单调,文字过多,显然使用不易。

因此,从用户角度考虑,易读、易用应是UI界面的基本要求。设计师应尽可能地精简信息,归类信息,减少用户因读取界面所需的停顿时间,理想化的界面是一目了然,清晰直观的。

一些空间界面的设计是在复杂的VR场景中,直接在用户视线正前方弹出一个UI界面,这样的做法有利有弊。一方面,其很容易抓住用户的视线,不会受到环境因素的干扰,用户与其的交互也直接明了,且设计过程简单易行。另一方面,因为现实世界中用户的眼前没有过多的并行干扰,这样的做法并不自然,会影响到体验的沉浸感。因此需要对VR场景认读和界面认读进行取舍,将相比之下更重要的放在优先级。比如,在VR主页设计中,环境只是起到氛围烘托的作用,界面才是具体信息的提供者,则可以将界面放置于视线中心(见图6-5)。而当一个空间界面起着辅助性质的作用,比如针对某些对象进行选择,则可以将其放在用手部动作交互方便的右侧位或左侧位,视觉中心仍然以呈现环境对象为主,以保证VR体验的流畅性。

图6-4　空间界面–电影 *Minority Report* 截图　　图6-5　空间界面–游戏 *Lone Echo* 截图

6.1.3　剧情型界面设计

剧情型界面元素(Diegetic UI)是指与环境融为一体的,具有信息展示作用或能让用户与之互动的物体。剧情型界面元素存在于三维空间,不仅具有空间界面的空间感,而且存在于虚拟世界的剧情之中。能被广泛接受的剧情型界面元素一般具有以下特点:

（1）其原始形象的物理性质与该界面所承载的功能一致。

（2）其原始形象在目标用户中是众所周知的。

（3）与环境物体的融合性良好。

（4）在交互行为中独立于环境物体。

剧情型界面的具体表现形式可以是日常生活中的物品——如墙上的闹钟、电视、门把手、移动手机、计算机屏幕、用手触碰的按钮、物体的全息展示等；也可以是来自于文学作品、影视作品、流行文化中，基于想象的产物——如魔镜、魔法盒、聚宝盆、水晶球、能量棒等。利用这些物品作为界面元素用户会有熟悉感，同时对他们的表达含义已有了初步的判断，能够使涉及这些元素的相关交互较为直接而真实。具体而言，以下物品都包含被广泛认知的隐喻意，可以根据实际需要将其设计优化成剧情型界面元素：

门——进入、退出某个空间，开始、结束某个体验等；

车、船、飞机等交通工具——离开当前环境的，进入一个新环境的载体；

手机——进行通讯，呼叫救援，提示信息等；

各类屏幕——展示信息、提示、人物对白，作为触摸屏供用户进行点击选择等；

电视——播放提示、介绍背景等；

各类钟表——显示时间、倒计时等；

装置上的按钮——通过点击触发事件；

货架——对物品、工具等进行展示，提供选择；

书架——对资料进行存档、作为文件的菜单等；

油漆桶、调色盘和喷枪——对颜色进行选择重置；

钱包、卡夹、金币桶——用来购买、支付、补给、存放等；

魔镜——作为进入另一个空间环境的枢纽；

水晶球——回放信息、展示信息、提供指引等；

能量棒——指示能量余额、发送激光射线等。

剧情型界面元素的优点和劣势均来自它的一大特点——界面元素能与环境模型自然结合，并随着体验的进行适时出现。首先这是一种较为理想的状态，在这类界面上进行交互会大大增强用户的体验沉浸感。另一方面，如何让用户清楚知道剧情型界面元素担负着交互的功能是一大难点。当剧情型界面元素与环境天然契合时，用户难以将其与纯粹的环境模型区分开来，从而忽视其互动功能。因此，设计时需要考虑加上一些辅助元素,比如当需要用户用食指触碰按钮而启动装置时可以让按钮本身产生闪烁效果;当需要用户通过抓握拉杆开门时,可以在拉杆旁附上提示性的文字。此外,也可利用声音来提示用户。需要注意的是,当设计剧情型界面时,需要对所有的环境物体进

图 6-6　剧情型界面 – 游戏 *Job Simulator* 截图

行统一的设计与思考,若出现这个按钮可以交互而那个按钮只是贴图的情况,用户会非常困惑,严重降低体验的效率与沉浸感。对此类界面的设计建议进行测试研究,了解哪些表现形式对于用户来说是容易接受的、直观的和易于理解的。

6.1.4　界面的远近和位置

　　界面的放置位置需要被认真考虑并经过多次调整测试。特别是大部分界面都包含文字,若太靠近用户会造成体验过程中聚焦困难导致眼部疲劳,距离太远则会让其中的文字图形难以认读。

　　界面的远近也和其交互方式密切相关。以人体的手臂长度为基准,使用手部动作以接触方式交互的界面,可放置在近距离范围内(0.5~1m);使用射线或第三方物体接触来进行交互的界面,可放置在中等距离(1~10m);若使用弹射一类的方式来进行交互,还可以再往远距离的范围扩大(5~50m)(见图6-7至图6-9)。

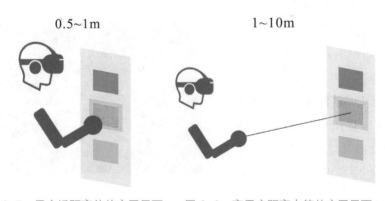

0.5~1m　　　　　　　　1~10m

图 6-7　用户近距离处的交互界面　　图 6-8　离用户距离中等的交互界面

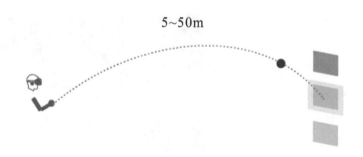

图 6-9　离用户距离较远处的交互界面

以典型的空间型曲面化界面为例,此类界面一般会围绕在用户前方占据用户的主要视线,多方的测试结果表明,三米左右是比较适宜的距离。

界面的位置可以是非固定的。许多空间界面,原本的设计就是游离于环境之中,启动界面时,系统通过判定用户头显的位置或者控制器的位置来决定界面的显示位置。基于头部方向的空间界面多为远距离交互界面和中等距离交互界面。

比如,当用户按下控制器的某个按钮,想要弹出菜单、物品选择等交互界面时,系统可以基于头显的位置判断用户双眼注视的方向,再在用户的视觉前方,以一个易于观察易于控制的角度来显示界面,见图6-10。

图 6-10　基于用户视线位置的交互界面

另一种形式是基于用户手部或者控制器的位置来决定界面的方位。这种设计多见于近距离的空间界面中。比如,以一只手来控制界面的位置,另一只手进行菜单选择。此类空间界面启动时,相当于手持状态,或与手中的控制器贴合,用户可通过移动手臂来找到适宜的界面观察位置,之后进行下一步的交互,见图6-11。

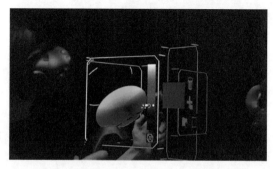

图 6-11　以控制器为轴心的交互界面

需要注意的是开发人员应选取合适的角度来展示空间界面,使用户互动时操作感觉自然舒适,不至于将手臂或头部摆出一个奇怪的姿势。

剧情型界面一般有其物理载体,其远近与位置会限定在一个范围内,且其状态必须符合用户的日常认知。比如,作为承载"退出系统"功能的一扇门,理应与现实中的门类似,不可飘浮在空中或随意移动。而承载了"内容提示"功能的水晶球,也许可以赋予自由移动的特征,用户能用手将其抛至眼前或随身携带。对于此类元素,设计开发时还应考虑到其位置是否在用户目光之所及,是否容易被忽略,显示的角度是否合理,是否需要在不同的地方复制同一个元素等。例如图6-12所示,在VR游戏 *Arktika.1* 中,有一项操作需要游戏角色用手击碎玻璃板然后搬动扳手进行下一步任务,当然,用户是通过抓握控制器的手势完成这些步骤。在这一环节的设计中,开发者将物体的放置位置设计于用户右下方,确保普通臂长的用户能够毫无难度地触及并进行操作(见图6-12)。

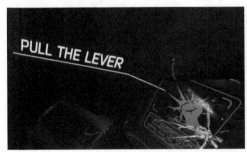

图6-12　VR游戏 *Arktika.1* 截图

6.1.5　界面的大小

界面的位置范围确定之后需要决定的是界面的大小。界面的大小会影响用户对界面的关注程度以及对其的认读。界面太大则边缘的文字图像清晰度会降低,且会给用户带来压迫感,太小则会被用户忽略或辨认模糊。相对而言,剧情型界面的大小一般会和环境物体所对应,具有一定的大小基准。只需保证,在交互时不会因为大小的问题而产生交互难点。空间型界面的大小范围比较广,也无法制定统一的尺寸规范,但在设计开发时,不应将界面在虚拟世界里凭感觉随意缩放。否则临时的缩放会导致界面元素的尺寸混乱,这种不一致还会影响到界面设计与界面开发之间的配合,建议遵循一定的原则来进行大小的设计判断,并在实际测试中进行最终界面的调试选择。

根据Google Daydream研发
团队的探索，三维空间中，由于
近大远小的关系，同一个物体
或者界面，将其调整至不同尺
寸，放置于不同深度距离，在某
些位置时，它们看起来会变得

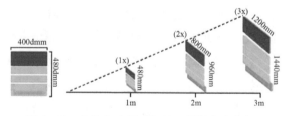

图 6-13　物体角度尺寸相同，视觉大小也相同

大小相同（见图6-13）。换言之，不同大小不同位置的同一物体，不管它们的距离
如何，只要角度尺寸相同，视觉效果看起来也相同。由此对空间界面进行平面设计
时，就不需要考虑物体的深度距离这个变量因素了。

Daydream团队引入一个全
新的概念单位，叫作距离无关
毫米dmm（distance–independent
millimeter）。如图6-14所示，在
1m远距离下，观察1mm长度物
体的视觉感受，定义为1dmm。

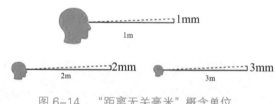

图 6-14　"距离无关毫米"概念单位

因此，目距2m远的2mm长度，以及目距3m远的3mm长度，均为1dmm。这一方法
将角度尺寸这个单位转换成了通用的长度尺寸，从而能与二维、三维软件单位
通用。

　　dmm解决了物体在三维空间与二维平面之间的尺寸换算问题。比如，若一个
物体长200dmm、宽100dmm，就表示在距离用户1m远处，它的长度是200mm，宽度
是100mm。当把它移动到距离用户2m的位置，则它的长度需要变成400mm，宽度
则变成200mm。同理，移动到3m远处，长和宽分别应改成600mm和300mm。因
此，当一个界面元素设计完成后，若需要在VR环境中调整它的距离，也能快速知道
如何缩放这个界面元素。

　　另一方面，设计时为了直观感受界面与环境物体的融合程度，建议将环境作为
设计的背景板，在其上对界面进行设计。当然，开放性空间的设计与二维平面的设
计是非常不同的。设计时需要对三维环境有一个基本概念。为了利用到二维平面
的一些设计原则，或者为了设计过程中能做到平面的可视化，有两种将三维转换到
二维的方法。

　　解决方案之一是将VR场景想象为一个以用户为中心的球体，同时考虑另一

个深度因素。为了理解方便,可绘制成四个视图——前视图、上视图、左视图和右视图。根据不同的环境设置可以了解用户眼前的场景物体是什么,角度如何(见图6-15)。如果需要在环境物体和用户之间放置一个空间型界面,有了用户与环境的关系示意图,再在二者中间放置交互界面会更为直观,其大小和方向便会有一个大致范围。

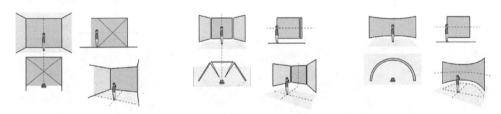

图 6-15　用户与 VR 场景的对应视图

解决方法之二是三维空间与平面进行相互转换。可以想象,若把一个球型展开平铺则成了平面,而当这一平面卷起扭曲则成了球型。举个简单的例子——把地球表现成一张平面地图时,用的就是这种办法(见图6-16)。

图 6-16　球体与平面的转换

当具体着手对空间界面进行设计时,首先需要确定合适的画布尺寸。下面用一个简单的例子进行说明。来自伦敦的设计师Sam和Alex通过反复进行的实际探索发现,快速有效的方法是先将360°的环境平铺成为等角投影。投影的全宽度表示横向360°和垂直180°,用它来定义画布的像素大小:3600×1800。使用这种方法,对空间会有一个大致的概念。而后从整个画布当中割离出一块区域专门用于呈现界面相关的元素,用以预设界面尺寸。[1]

图6-17便是360° VR环境以2D形式呈现出的样子。这种形式叫作"圆柱投影"(Equirectangular Projection)。在3D虚拟环境中,这样的投影图形会被包围在球形空间当中,模拟出真实世界的样子。

他们同时举了设计制作曲面化的空间界面的实例,这里他们选定的界面区域占据整个画布的1/9,位于正中,尺寸像素大小为1200×600（见图6–18,图6–19）。

在此基础上便能使用以往的二维界面设计原则进行下一步的视觉设计。

图 6–17　圆柱投影

图 6–18　平铺时的界面尺寸

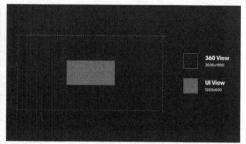

图 6–19　画布尺寸与界面尺寸

6.1.6　文字、图标设计

空间型界面基本是由文字和图标所组成的,文字图标的重要性毋庸置疑。剧情型界面中,存在仅以自身物理形态便能直接明确表意的元素,但不多见。语音也是一种提示方法,但视觉的表现效果往往更直观省时且让人一目了然。因此大多时候,界面需要有文字或图标相互配合来提示用户的交互行为。比如,一扇打开的窗是一条通往另一个环境空间的捷径,在窗户上方标明下一个空间的名字,或加上箭头就是一种明确的提示,若期待用户透过窗户发现另一空间,然后猜出此路径,则可能需要花费用户大量的时间。所以建议在界面开发时注重文字和图标的设计。

现阶段,VR头显的分辨率和手机VR的分辨率还有很高的提升空间。这意味着文字和图像容易出现像素感,文本内容的易读性会受到影响。因此设计时应尽量使用较大的字号,同时尽可能提升其他界面元素的清晰度。在 VR 环境下,画面是 360° 呈现的,可以用像素度（Pixel Per Degree,简称PPD）,来表示画面的清晰和细腻程度,则会更精确,它所指的是每一度所包含的像素。对于文字在VR中的使用,Daydream 团队给出了当前屏幕分辨率下,字体的可读性与 PPD 关系图（见图6–20）。

根据Google Daydream团队的建议,各种文字字号至少应为用户视野大小的1.5%。Daydream的设计师也提出了一个计算文本大小的公式,如图6-21所示。

在这个公式中,可以凭借文本与双眼的距离d、理想像素值px和设备的像素值ppd计算出最终合适的文本大小(高度h)。以下是 Daydream 设计团队推荐的文字和点击尺寸,具有一定的参考价值(见图6-22):

对文本的呈现形式也有不同的方法,这里主要介绍三种:

(1)将文字首先渲染在一张贴图上,而后将此贴图贴附在对象模型上。使用这种方法,应尽量选择一种具有较高分辨率的贴图材质,提高文本的清晰度。

(2)利用一种矢量化技术(Signed Distance Fields)[2],可以在像素的级别将文字或图形的边缘进行再次描绘(见图6-23)。

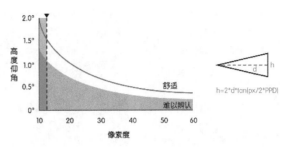

图 6-20　字体可读性与 PPD 的关系图

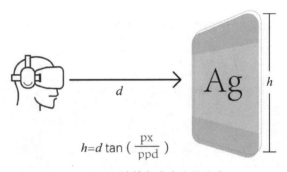

$$h = d\tan\left(\frac{px}{ppd}\right)$$

图 6-21　计算文本大小的公式

图 6-22　Daydream 提出的文字与图标大小建议

本质上这种矢量化技术可以让开发者在纹理里面(光栅图里面)存一个图像的矢量表达,同时还利用插值器将文字或者图形做了矢量变换。虽然这种方法需要很大的工作量,但其描绘结果是非常让人惊喜的。它能够克服文本模糊还有边缘锯齿等失真问题。

(3)进行文本网格渲染(Text Mesh Rendering)——即直接在VR场景中将文本以3D模型的形式表现出来。此种方法使文本分辨率和场景分辨率相互独立,可以根据需要对文本进行较高精度的渲染。这种方法渲染出来的文字也具有立体

(a) 64×64 texture,alpha-blended　　(b) 64×64 texture,alpha tested　　(c) 64×64 texture using our techniqu

图 6-23　矢量化技术（Signed Distance Fields）对文字的重新描绘

图 6-24　Unity 插件：文本网格渲染（Text Mesh Rendering）

感，非常适用于VR环境，也是一种理想的表达方式。软件Unity中也有相应的插件可以让开发者较轻松地做出文字的3D效果（见图6-24）。

以上三种方法可以根据实际需要进行选择。

另一方面，图标具有指示、提醒、概括、表述等作用。它的象形性，特别是一些被大众广泛认可的形象相对文字有更强的辨识度，且能够节省空间，避免了长文的使用；而其他图标若结合文字使用也能起到一定的辅助效果，能在虚拟世界繁杂的信息中快速给予用户交互提示；同时图标的使用能增强设计感，提高界面的美观度。对VR体验中图标的设计应注意以下原则：

（1）可识别性——遵循用户习惯认知，设计的图标易于用户理解辨认，能够准确地传达其所表达的属性和意义。尽量让用户在第一眼就能够认出这个图标对应的属性和功能。

（2）视觉统一——设计图标时，应使其风格表现统一，具有较强的整体性。统一的视觉设计规范对图标的辨认也有良好作用。因此建议引入一套设计规范，用同样的色系、造型、材质、纹理等统一图标的视觉感受。

（3）风格简约——去芜存菁，聚焦重点，简化处理去掉不必要的装饰元素，反而能提升图标的设计品质。这样也能避免过多的信息带来的视觉干扰，能够在复杂的环境背景中突出显示。

（4）合理利用空间效应——VR体验中图标除了可以存在于二维的平面上，如虚拟的显示屏界面、虚拟的墙壁贴纸等，也能以三维的物体形象独立于环境界面，如指示牌、按钮等。这种情况下需要留意用户看向图标的角度，图标是否会产生影响辨读的畸变，是否会被压缩得过小，以及与背景的协调程度。

（5）与主题风格一致——用设计风格对应VR体验的主题，突出其核心特征和主要思想，必要时增添一些个性化的独特性，会让用户更有记忆点，也更易从各种视觉形象中找到图标。

6.1.7　线框图绘制

如同二维环境UI的设计流程，线框图（wireframe）在VR产品的界面设计中同样能发挥很大作用。将产品的界面交互部分按关键节点绘制成逻辑清晰的线框图，对接下来的交互方式选择、视觉设计和程序开发具有指导意义。

线框图的重要性和实用性主要体现在以下方面：

构建交互基础——当对VR体验中的界面交互有一个大致概念时，就可用线框图将其形象化地表达出来。

直观形象——将交互流程用线框图表现直观形象，可以让人迅速领会复杂的交互逻辑。

快速迭代——低保真线框图的勾画快速，在绘制方面无须耗费太多精力，适用于方案构思、思路确认。经由多次的讨论修改迭代，能够呈现较为成熟的交互模型。

排除干扰——设计和绘制低保真线框图时，设计师暂时无须考虑颜色字体等的其他因素，因此能将注意力集中放在信息架构和界面交互上。以低保真线框图作为讨论依据时，也不会由于各人对于颜色、内容等的不同主观喜好而影响决策，往往能作做出正确判断。

线框图可分为低保真版本和高保真版本，一般情况下，建议先绘制低保真的线框图，省时高效，没有过多干扰，能让人更关注体验的流程和逻辑。当方向与思路都确认的基础上，可绘制高保真线框图，增加内容层级，专注细节特色。

6.1.8　视觉设计

视觉设计是确定线框图后的下一步,界面的主要目的是信息展示和实现互动,如何让其与环境和谐共存并吸引用户与之交互是界面的视觉设计需要考虑的内容。

在视觉设计的进化演变过程中,设计师们一直在适应存在框架内的显示屏,将我们的真实世界体验转化为平面图标和其他UI元素。[3]尽管同为视觉设计,且存在很多相似性,但在VR产品中,过度使用,或者不假思索地放置2D的UI元素会破坏体验的沉浸感,其中一些原则也需要重新考量。

VR中界面的视觉设计可以重点关注以下这几方面:

◎ 1. 将UI元素依附于3D场景物体

传统屏幕游戏中常见的状态栏一类的悬浮元素,无景深无遮挡,若直接被放置在VR立体空间中,会引起景深错乱（Depth Cue Issues）。Oculus建议,把状态栏和其他UI元素附着到场景物体之上。比如把字幕贴到墙上,把人物的生命条显示在手臂之上（见图6-25）。[4]

图 6-25　基于场景物体的 UI 设计

◎ 2. 为2D空间界面提供深度信息

即使是空间界面,也要注意处理的效果。在传统2D界面中流行的扁平化设计,若直接运用于VR中也许会出现一些问题:一旦图形扁平化之后,深度信息会直接被隐藏,用户无法判断该图形与自己的距离和实际大小。所以,若遇到此类情况,建议将其放置于包含深度信息的物体周围,相当于提供一个参考对象。如下面两张图所示,第一张图中的图标距离远近是一个未知数,而第二张图加上参照物地面之后图标景深便一目了然了（见图6-26,图6-27）。

图 6-26　悬浮的图标 – 背景无景深信息

图 6-27　悬浮的图标 – 背景包含景深信息

◎ 3. 合理利用阴影、透明度等属性

只要存在光源,就可以给界面物体添加阴影,阴影投射的方向大小是非常明显的位置信息。透明度也同理,特别是当界面旁边存在不完全遮挡的三维物体时,就可以用透明度来提供深度信息。另外,半透明的界面不会挡住用户太多视线而带来压迫感,所以这种处理手段也被广泛使用。

◎ 4. 保证视觉反馈的显著性和一致性

VR环境的特殊性容易使用户分心和无措,因此必须在视觉设计上告诉用户各种调用对象和动作的"规则"。反馈是相当重要的,若用户在操作中存在几种操作类型,比如悬停、选中、退出,对应每个操作类型最好有相应的状态表达,像背景颜色、焦点状态、文字状态的改变,以给用户一种反馈。并且反馈需要引人注目,以吸引用户的视线,让用户知道该物件是可以交互的。比如,传统2D界面设计中,按钮悬停时可以用微妙的明暗变化来示意,但在VR环境下,若使用同样效果来表示悬停,明暗对比度应予以大大加强,或者伴随其他大小颜色形状等动态变化。建立视觉语言的规则后,还需要保持一致,比如同一效果的几个按钮展现同样的形态,同样的反馈机制。

6.1.9　2D界面与3D环境

当需要将2D界面渲染到3D空间中时,有一个原则就是:保持一定的头部追踪。据Google Cardboard的实践研究表明,仅追踪头部的一个旋转方向(rotation,1DOF),就可以避免对大多数用户造成不适。但是更好的还是用三个旋转方向——纵摇、横摇、垂摇(rotation、pitch、yaw,3DOF)(见图6-28),外接式头显如HTC VIVE和Oculus Rift等均包含这三个类型的旋转自由度,加上三个平移自由度,相当于共六个自由度(见图6-29)。

因此,建议尽量保证2D界面在三维环境中拥有三个自由度的头部追踪;当然,理想情况是提供六个自由度的头部追踪,这在外接式和一体式VR头显中是可以被实现的。

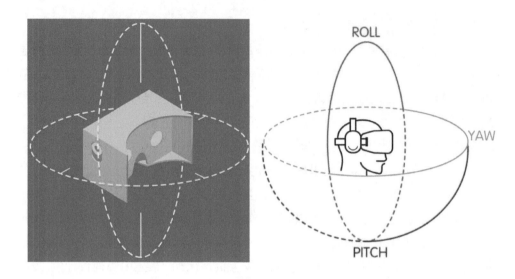

图 6-28　Cardboard 头部追踪方向 (Google, 2017)　　图 6-29　VR 头显六自由度方向

6.2　动作交互设计

在可选的情况下，应尽可能地把交互主动权交于用户，让用户自行选择交互的对象、控制自己的运动状况并进行持续的控制。由此可减轻眩晕感，并激励用户积极参与虚拟世界的活动。动作交互是 VR 体验中一种自然而理想的交互形式。动作交互的全过程包括动作捕捉、数据传输、数据处理、信息显示等多个步骤。其中的关键和难点即动作捕捉（Motion capture）——指的是实时的准确测量、记录物体在真实三维空间中的运动轨迹或姿态，并在虚拟三维空间中重建运动物体每一时刻运动状态的高新技术。动作捕捉最典型的应用是在 CG 制作等领域中对人物的动作捕捉，可以将人物肢体动作或面部表情动态进行三维数字化解算，得到三维动作数据。[5]动作捕捉的准确率和处理速度将直接影响交互的体验，与眩晕感密切相关。

目前，研究人员提出的用户动作捕捉获取方案有：基于 VR 头显、手柄、数据手套、Leap Motion、穿戴式设备等传感器传输和反馈用户的行为动作。这对近距离、一定运动范围场景下具有较好的效果。[6], [7]

VR 的动作交互设计，除了需要这些技术层面的相关支持，开发者还必须要了解和学习人类是如何感知这个世界、并如何与现实世界进行互动的，这样才能设计出自然的符合用户习惯的动作交互方式。动作交互的分类,现阶段主要包括头部控制和手势控制,同时对其他肢体控制的方式也属于研究热点。以下将分别进行介绍。

6.2.1 头部控制

头部控制较为常见,在手机VR中使用最多。头部控制主要利用陀螺仪来检测头部的三维旋转角度并对屏幕的显示内容做出相应调整,这里,最典型的属Google cardboard为首的简易VR眼镜。

头部控制常用的有基于凝视触发事件(Gaze)——将目光聚焦于热点按钮,则其被激活,若用户继续凝视则等待时间到触发事件(见图6-30);反之,若用户在等待时间未到时将目光投向别处,则激活被取消。这个聚焦凝视的过程本身即为一个确认与否的过程。当用凝视触发事件时,

图 6-30　凝视触发事件 –VR 应用 Shapespark 截图

要注意不能加载过多的和过于复杂的场景变幻,否则这类混乱易导致眩晕感。

同时,近年来眼球追踪技术的发展也提升了头部控制的敏感程度和精确性。比如,用户可以在VR中凝视,而不是用移动头部来追踪一个快速移动的物体,从而激发某事件。若需要瞬时移动,用户可以通过用眼睛凝视某一点而触发位置的转变。对社交类VR体验来说,基于眼球追踪技术的头部控制也能为用户带来更多的发挥空间。

需要留意的是,头部控制的设计应考虑用户体验时的姿态。由于人体的骨骼肌肉神经构造,处于站立姿态时,左右转动头部会相对简单;处于坐下的姿态时,则上下移动头部更为自然。

6.2.2 手势控制

手势具有丰富的表现力与高度的灵活性。手势控制如能有效运用在VR体验中,可以很大程度上增强沉浸感。VR体验常常涉及用户与周围环境或者环境物件

进行交互,而在现实生活中,人与外部环境的交互很多都是利用手部动作来进行的,利用手势控制相当于映射了现实生活的自然交互方式。

　　手势控制还可分为静态手势控制和动态手势控制、"裸手"控制和佩戴数据手套进行控制。这一节中的手势控制主要指这些范畴。虽然现阶段这类手势控制在VR体验上的利用率不高,但也越来越受到重视。另一种形式的手势控制则与控制器控制相结合,用手势配合控制器的按钮进行联合控制,在VR体验中应用较广,将在下节中对其重点阐述。

图6-31　一些常用手势

　　基本的静态手势,常用的有：伸出手掌、握拳、伸出1-4个手指、手势符号等。

　　基本的动态手势,常用的有：滑动、点击、按压、挥舞、击掌、伸展、触摸、抓握、扔、击打等。

　　可以选择某个或者某几个手势用来激发不同事件（见图6-31）。

　　运用手势控制来实现VR中的交互具有以下优点：

　　（1）手势控制是人类常见的沟通方式,是一种自然的表达。利用手势控制可以增强用户在VR体验中的沉浸感。

　　（2）手势种类极多,很多交互动作都可以用手部动作完成。

　　（3）手势控制也可以增强互动性与娱乐性。

　　手势控制的设计应符合用户的预判。举个例子,当需要把一个物体从面前抛射出去,比如投一个篮球,自然的肢体动作流程应该是：伸手触碰、抓握、举起、往前扔、松手。这一过程中,手部的动作从松开到握紧再到松开,都是相当自然的。没有人会握着拳头去投一个球。所以设计手势控制时,需要根据常识判断并选择合适的姿势。

　　当需要手势控制时,还应考虑到某一手势要求手臂抬起的角度与方向。当长时间举起胳膊时,用户难免会感觉到酸痛或不适,体验的舒适性就会大大降低（见图6-32）。比如,如果要放置一个交互屏幕在3D环境中,屏幕的位置和倾斜角度都应经过试验调整,保证用户在使用时间内的舒适感。

全球手势控制技术公司主要有：GestureTek、gestigon GmbH、Leap Motion、eyeSight Technologies Ltd、Thalmic Labs Inc、Intel Corporation、Apple Inc、4tiitoo GmbH、Logbar、PointGrab、Nimble VR、apotact Labs、ArcSoft Inc 等。对于手势的识别与跟踪，许多公司都在开发研究新技术与产品，Leap Motion公司的产品相对较为典型。Leap Motion是一款以图像检测为原理的手势交互设备，以摄像机捕捉用户双手的位移和动作，可以定义至每一个指关节的动作，从而叠加在VR头显上进行手势交互（见图6-33）。

图6-32 3D环境中的交互屏幕设计举例

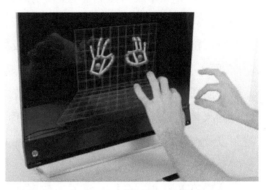

图6-33 手势控制技术

据了解，手势控制技术发展的一些问题在于：

（1）不同用户，对同一手势的运用，其姿态、角度等都不尽相同，计算机在正确识别手势上存在一定问题，也许会导致错误读取，错误输出信息。

（2）不同国家用户对同一信息的手势表达往往存在不同之处，即使在同一国家不同地区，对某些手势的理解程度、表达方式也不尽相同。这在一定程度上降低了开发者的积极性。

（3）环境因素的干扰，如背景光线、背景图像等也会导致手势动作的读取错误。

（4）配合手势控制技术的相关设备相对昂贵。

由于技术所限，总体来说目前的手势控制精准度低、操作难度高、识别范围有限，所以用户体验有待提高。但可以预测，若突破技术壁垒，手势控制将成为主流的VR交互方式之一。

6.2.3　其他肢体动作

除了利用头部与手部动作进行交互以外，VR体验也可以用到其他身体动作来进行控制。最常见的是在房间规模的VR体验中，用户以步行或跳跃等方式来控制运动状态、位移、视线转换等。另外也有部分VR体验利用身躯的摇动与转动来控制运动方向以及速度，以躲避飞弹的袭击，或前进到某一个地点。

这样做的好处是除了视觉上的冲击，让用户的肢体也融入其中，从而获得较完全的沉浸感。由于VR极大地提高了体验的自由度，其强临场感和存在感，全新的控制方式，使用户可以超越视野的限制进行操作。若开发者再综合多种感官信息，使用户的整个身体成为控制器，强化用户的自然动作表现，可以制造更符合用户认知的感受。比如，若在某个VR游戏体验中，作为主人公的用户遇到袭击物，用户怎样进行对抗、怎样保护自身，所有需要完成的动作能对应于真实世界中可以做出的动作，而不是按下某个按键，细节上的考虑能让游戏更易上手并具有吸引力。

现阶段的技术难点在于如何适时有效地追踪用户的各种身体动作，基于图像处理的人体追踪要求非常强大的算法处理，若基于传感器的人体追踪则存在成本控制以及产品设计等的问题。当然，今后的VR发展趋势肯定是通过各种途径达到全体感，许多公司也在朝着这个目标方向努力。

目前在Kickstarter上出现了一款名叫DigiBit的虚拟现实游戏套装，除了常见的虚拟现实头显设备之外，DigiBit最大的特点就是配备控制手环，能够让用户的身体也加入到虚拟现实的游戏体验中来。根据不同的游戏，用户可以将DigiBit佩戴到手腕或者脚踝上，这样用户的身体动作，比如跳跃，会同时对应于游戏中的跳跃；张开双臂，会同时对应于游戏中的飞行。产生一种类似于Xbox Kinect的体感效果。[8]

在运用到DigiBit的VR游戏FunnyWings中，故事主人公飞行的方向与接收星星的角度都由用户"展翅飞翔"的动作姿态而决定（见图6-34）。

图6-34　VR游戏FunnyWings截图

另一方面,为了能让设定的身体动作更自然并符合直觉,开发者需要了解某个动作的普遍性以及潜在含义。前面所提到的躲避、飞翔、跳跃等动作可以说在全世界范围被广泛接受,因此对其的运用会得到良好反馈。此外在游戏界中也存在许多被公认的动作姿态,或者在长期的重复运用中潜移默化地对用户进行了成功教育,如气功、出拳、高踢、跳踢、扫踢等。像VR游戏 *The Mage's Tale* 里,用户无需利用按键来释放法术,而是通过动作、姿态、手势施展魔法（见图6-35）。评论认为该游戏对魔法的表达已经接近了魔法自身,是目前最符合一般认知中魔法概念的艺术表现形式。*The Mage's Tale* 的首席设计师David Rogers说,在进行动作设计时,他们想到的是童年时代,与同伴一起扮演大法师或者超级英雄时,自然而然会做出的肢体动作。那些动作与人们想象中的魔法和超能力相符。同时,他们对动作的力量感也进行了研究。最终他们所设计的动作交互鼓励玩家解放四肢,伸展手臂,充满力量与灵活性,能够给予玩家积极的心理暗示,以主角身份沉浸于游戏中。[9]

图 6-35　VR 游戏 *The Mage's Tale* 截图

6.2.4　动作交互建议

◎ **1.通过观察用户现实生活中的动作姿态来获得灵感和启发**

动作设计不能是生硬的、只依附于设计者的想象,而应该来自于生活。开发者需要通过观察用户在日常生活中的习惯动作和自然反应来设定各种动作。同时也可以通过观看影视作品和游戏人物的动作来获得一些灵感。

◎ **2.动作符合既定角色**

在体验中,用户是扮演自身、男性人物、女性人物或其他幻想角色,都会具有独特气质。动作设计需要符合用户对角色的认知。

◎ 3.对不同身材比例的用户支持良好

考虑到VR体验的用户可能分布于不同性别不同年龄层,身材比例的差别较大,也许需要分多个组别进行模型预设,然后根据实际用户的身材来分配适合其的用户模型。或者,对于一些复杂的动作,在关键肢体上多一些追踪点,并使设计的动作支持不同身材。

◎ 4.找到放松的姿势,特别是当某个动作需要保持一定时间时

无论是头部、手部、还是其他肢体的动作,成功的动作设计不会让用户感觉不适,反而会令其在自然放松的状态下进行动作控制。因此需要避免较为极端的或会引起肌肉酸痛的动作。当某一动作必须维持一个时间段时,动作的舒适性尤其重要。

◎ 5.能够保持平衡

不至于让用户在进行动作控制时有摔、跌、绊的危险,非瞬时的动作姿态用户能轻松保持平衡,而不会剧烈晃动。

◎ 6.姿势美观

虽然动作各种各样,但理想的情况是动作姿态都具有美感,不是扭曲的、奇怪的。即使不能保证用户实际会做出何种动作,在示例教程等部分显示的人物动态也需要是美观的,这样用户更乐于接受并摆出这些动作姿态。

6.3 控制器交互设计

用控制器进行交互是目前的VR应用主要的交互方式,其交互具有准确、快速的特点,所以被广泛使用。

这些控制器以实时追踪为基础,用户需要抓住设备手柄,通过各种手势、移动和按压按键来实现VR体验中的交互。使用控制器进行交互有以下几点需要留意:

◎ 1.是否渲染控制器模型

使用控制器进行交互时,可以选择在VR模式里渲染出控制器模型,利用光影变化或小动画提示用户应选择触发哪个按键,并提供实时的视觉反馈,使操作变得清晰明了。或者,根据体验的具体内容,渲染出不含控制器的实物模型,比如,手臂、机械手臂、双手、武器等。如图6-36所示,在游戏 *The Unspoken* 中,控制器用渲

染的手部模型来表示,根据不同的手部姿势来进行控制交互。当用户使用控制器做出某种操作时,实物模型也做出相应的动作。这种方法有助于增进用户的体验沉浸感,若交互方式简单统一,建议使用。

当需要触碰的不同按键较多,操作较复杂时,用户会产生疑惑或产生更多的误操作。此时,渲染出控制器模型是优先选择。对控制器模型的制作,可以在控制器实物模型的基础上进行一些变化改动,使它更贴合VR体验的内容。如图6-37所示,在VR游戏 *Space Pirate* 中,HTC Vive 的控制器被设计改变成枪械武器的形态,但还是可以明显看出原本控制器的样子,游戏中起到交互作用的按钮也被高亮显示,以给用户提供视觉线索。

图 6-36　VR 游戏 *The Unspoken* 截图

图 6-37　VR 游戏 *Space Pirate* 截图

◎2.尊重用户使用偏好

用户可能习惯使用右手或者左手,当使用左右手不同的控制器时,系统应首先询问用户的使用偏好,而后分配主导功能控制器。使用手臂模型时同理。比如,在VR游戏 *Sports Bar* 中,用户进入VR空间之后需要首先回答自己的惯用手是哪只,这样后台程序就能自动选择分配两个控制器不同的控制方式(见图6-38)。

图 6-38　VR 游戏 *Sports Bar* 截图

◎3.光标显示的深度对应于目标对象

若使用控制器投射出光标或激光束,则应在渲染时使其端点与目标对象处于同一深度,否则,用户会感觉目标对象难以被选择,就像伸手却够不到远方的物体,或是已穿透物体,会让体验有不真实感。

6.3.1 控制器选择

现阶段市场上的VR控制器主要有：Oculus Touch、HTC Vive Controller、PS Move、Lenovo Explorer Motion Controller、Gear VR Controller 和 Google Daydream Controller。各种控制器具有不同的形态、不同的按键种类和数量，各有其优劣势。可以根据VR体验的不同内容进行选择（见图6-39—图6-43）。

Vive Controller、Gear VR Controller、Google Daydream Controller 及 PS Move 的交互类似于VR中的使用鼠标操作。Oculus Touch 和 Lenovo Explorer Motion Controller的设计采用人机工程学的相关原理，模拟真实动作，使用感较贴近真实生活。这里要引入的一个词是"手部临场感（Hand Presence）"。相对来说，Oculus Touch 的手部临场感更强，操控更为简单自然（见图6-44）。

图 6-39 Oculus Touch

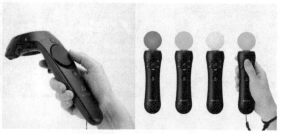
图 6-40 Vive Controller 及 PS Move

图 6-41 Gear VR Controller

图 6-42 Lenovo Explorer Motion Controller

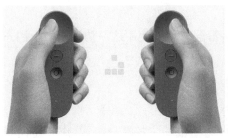

图 6-43　Google Daydream Controller

图 6-44　Oculus Touch 的手部临场感

6.3.2　按键控制

　　所有控制器都包含数目与形态各异的按键。按键控制也是用户最熟悉的，是与传统2D产品相似的交互方式。在VR体验中，用户的眼睛无法看到手中的实物控制器，点击哪个按钮需要凭手指的位置和触觉去确认，因此存在误差的可能。为了避免误操作，当交互行为较简单时建议使用最易辨认的特征按键。比如，除了Oculus Touch之外，以上提到的控制器都包含一个相对较大的圆形按键（Touchpad），且具备触摸和按下两个功能（见图6-45）。在进行VR体验时，用户即使仅靠触觉也可以轻易找到它。所以若交互以按键操作为主，可以让这一按键承载主要的交互功能。

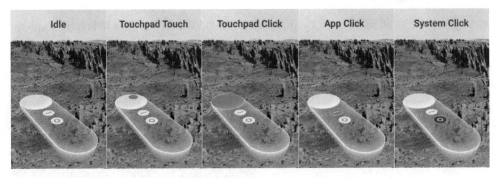

图 6-45　Google Daydream Controller 上的按键

　　对于一些不常用的操作，比如返回主菜单、退出等，则可以用控制器上的小按键来进行控制。许多控制器上的小按键不止一处，且手感相似，为了避免无效操作，在某一种特殊情况下——交互需求简单，只需承载一种交互控制时，可以让这些小按键都具备同样的交互功能。这样，无论用户按下哪个按键，都能进行相应的交互操作。

另外，控制器内部存在震动马达，在一些情况下可以使用这一功能来提示用户交互控制的正确与否。

6.3.3　摇杆控制

摇杆（joystick）由基座和固定在上面作为枢轴的主控制杆组成，作用是向其控制的设备传递角度或方向信号。这一控制形态最早来源于飞行器，在现实生活中的运用还有起重机、医学内镜、遥控摄像头等，也是屏幕电子游戏手柄标准配置。摇杆并非VR控制器的标配，Oculus Touch和Lenovo Explorer Motion Controller采用了摇杆，但HTC Vive Controller和PS Move并未使用。VR体验中，摇杆主要用于调整视角。

摇杆对于移动的控制在传统的基于2D屏幕的各类游戏及应用上体验良好，但在VR环境下却不尽然。摇杆控制存在的尴尬之处在于，使用其进行自由移动容易引起用户的眩晕，而利用摇杆实现的"左顾右盼"，沉浸感还不如直接转动头部。但能使用摇杆精确控制转动的角度或者前进的步数，这比头部控制要更为简单易行。

6.3.4　扳柄控制

扳柄又名扳机键，存在于Oculus Touch、HTC Vive Controller和Lenovo Explorer Motion Controller上，用食指扣动的方式来控制。由于扳柄位置的特殊性，不会与其他控制键混淆。最常见的用到扳柄的地方就是模拟枪械扣动扳机，另外在许多运用中抓握物体时也会用到扳柄。如图6-46所示，在VR游戏 *Dead and Buried* 中，控制器被设计成了一柄机枪，扣动扳柄就能发射出子弹来袭击敌人。交互方式很自然地模拟了现实行为。

图6-46　VR游戏 *Dead and Buried* 截图

6.3.5　动作控制

控制器包含内置的运动感应器,因此使用控制器进行控制的另一种方式是运用手部的动作——瞄准、抛射、摇晃、振动等。比如在VR游戏*Tindertown*中,控制器被用来当作高射水枪来使用,用户只要对准楼房中失火的地方,水枪中就会有水柱喷出来扑灭窗口的火苗(见图6-47)。

图 6-47　VR 游戏 *Tindertown* 截图

6.3.6　其他

控制器的形态和功能也在不断地变革和改进,我们可以期待未来的控制器会在各方面都有更新提高,特别是在捕捉的准确率、速度等相应方面。同时,下一代成熟的VR双手交互设备应该融合目前基于图像检测和人体工学的手持设备的优点:不以设备形状来限制双手的动作,支持更高精度的定位和手势检测,并提供触感反馈机制。[10]

6.4　移动控制

移动控制是VR体验中的难点之一,移动方式要让用户感觉自然,又不能在体验过程中触发用户的晕动症,因此寻找一种合适的移动方式是需要认真考虑的问题。现阶段在VR体验中主要运用的移动方式有以下几种。

6.4.1 瞬时传送

"瞬时传送（Teleportation）"起初来源于量子物理,原意指的是瞬时远距输送一个对象。首先是将其解体,使每个基本部分都能量度计算,这些数据会实时输送到另一个地点的机器,它就能完完整整把对象重组。而后这个概念被广泛运用于科幻作品、奇幻作品和游戏当中,寓意将一个物体在一瞬间传送到不同空间,或者将一人物对象在瞬间转移到另一位置,相当于非连续性空间跳跃般的状态,并不等同于极度的高速运动。[11]

当瞬时传送运用于VR体验,具体的表现方式是当用户选定要到达的地点,并启动传送（一般表现为点击某个按钮）后,用户就立即被移动到指定地点,而传送过程被省略。瞬时传送不会让用户在体验中感到眩晕,在现阶段的VR产品中运用较广。

瞬时传送的另一优势在于,用户所需要的体验空间可以缩小至一人一座——即使在房间规模的VR体验中,用户也会受到空间大小的限制,尝试走向某个地方也许会让你撞上一堵真实的墙壁。而瞬时传送的移动方式不需要扩展的真实空间,用户可以在虚拟空间里自由徜徉。

而根据VR电影制作人 Eric Darnell 的理论,VR体验中的瞬时传送之所以能被用户自然地接受,因为它与电视电影中看到的"剪辑"效果类似。"VR游戏中的瞬时传送就相当于让用户能够'编辑'他们在电影中的体验。"[12]由于现在的VR体验用户是在电影电视的伴随下成长的一代人,而"剪辑"是电影制作工业使用了一个多世纪的故事讲述工具,用户自然而然会习惯VR头显前的视野——也就是电影中"镜头"的转换（见图6-48）。

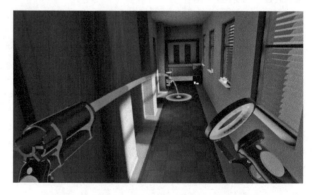

图 6-48　VR 游戏 *Budget Cuts* 截图

同时,瞬时传送也需要有一定的逻辑性和过渡,这样才能让体验不生硬且更符合用户期待。以下是一些瞬时传送具体应用的例子:

在VR游戏*Budget Cuts*中,远程运动系统使用的是一种被命名为"易位器"

的装置（见图 6-48）。如果用户用其瞄准关卡的某个地点，并且发射一个信号浮标，当该信标落地时，它会让用户手中的传输门户打开。这一门户可以让用户查看信标所在位置，就好像用户已站在那里一样。此时，若用户按下控制器上的某个按钮，门户便会环绕用户的身体，随即用户会到达新的位置。这里的瞬时传送给了用户一个传输门户，并使用户有机会在传送之前看到最终的目标位置，从而使过程变得自然和谐。

　　在 VR 游戏 *Bullet Train* 中，用户通过按下控制器的一个按钮来激活传送器，同时整个虚拟世界会处于慢动作的状态，用户可以用这些时间来取消或者思考下一步的操作（见图 6-49）。然后，当传送器被激活时，用户手中的控制器会射出一束

激光，用户可以用它指向关卡周围的特定位置或者敌人本身。此时如果用户释放按钮，闪光灯会变成白色，用户将被瞬时传送到新的位置，并伴有音效。另外，游戏中还添加了一个追踪效果，让用户知晓原本的位置状态和来此地的路径。

图 6-49　VR 游戏 *Bullet Train* 截图

6.4.2　淡入淡出

　　淡入、淡出（Fade In / Out）也是在虚拟环境下实现位置移动的常用方法之一，本身也属于一种瞬时传送，但由于这种过渡形式统一，在此单开一类。淡入、淡出可称为渐显、渐隐，原本来自于电影制作。在 VR 体验中，表现形式为整个视野画面由暗转亮，或由模糊变清楚，直至完全清晰，即淡入；整个视野画面由亮转暗，或者由清晰至模糊，以至完全隐没，即淡出。

　　淡入、淡出可以用来表现 VR 体验中空间位置的转换，也可以是表达时间或段落转换的一种技巧。"淡"本身不是一个镜头，也不是一个画面，它所表现的，不是形象本身，而只是画面渐隐渐显的过程。同时，通过对淡入淡出速度的调整，能够成功营造富有表现力的气氛。

6.4.3 眨眼瞬移

眨眼瞬移（Blink Transitions），顾名思义，就是整个位置转换在眨眼的瞬间完成。可以将其归类为一种特殊的瞬时传送，其中一些过渡甚至可以是淡入淡出，但它最大的特点是整个位置转换就像用户眨了一下眼睛一样迅速。这种做法利用了一种更深层的心理模式，叫作"变化盲视"（Change Blindness）。就是用黑屏或者迅速切换视角的方式回避那些很可能引起晕眩的视觉信息。在认知流中，大脑会自动填补上这些空白（就像人通常意识不到自己眨眼）。这样，我们就可以利用这一能力，把某些容易引起眩晕的动作用场景切换给切掉。转换部分可以加入类似于一扇门开合的动画，相机镜头定格瞬间的动画，或者直接使用快速的淡入淡出，就像人类闪动上下眼睑，重新睁开时已经位于新的地点。

比如在VR体验中实现打开车门坐到驾驶座上，实现这一连串动作很可能导致眩晕。这时可以将这个过程改为当用户将车门打开后，视线直接被切换到已经在车里坐好，中间用短暂黑屏过渡，用户还是会感觉很自然。[13]

在VR游戏 *The Gallery* 中，当用户的目光望向四周时，系统预测的一些最佳目标点会变成热点闪烁模式，展示各个目标方向，并勾画出用户所在实际环境的区域边界线条（见图6-50）。用户可以花长时间仔细选择目的地，以便精确控制眨眼瞬移。当用户凝视想要去的地点，然后按下一个按钮，当前的视野便会淡出变为黑色，而后位于新地点的视野淡入，用户便知道自己已经站在新的位置。整个移动过程在大约0.5秒以内完成。[14]

图 6-50　VR 游戏 *The Gallery* 截图

6.4.4 隧道运动

隧道运动（Tunneling）是一种与第一人称运动（如步行和飞行）一起使用的技术，在运动过程中，摄像机会被裁剪，并且在周边视野中显示稳定的网格或者渐变。这类似于在电视机上观看第一人称运动。尽管电视节目和电影包含加速移动的图像，但大多数人在看电视时不会感到眩晕。这可能是因为电视只占用了用户视野的一小部分,而用户的周边视野却被静止的房间所占据。VR开发人员可以通过在人们在3D环境中移动时向他们展示视觉"隧道"来模拟这一点(见图6-51)。另一方面,使用这一模式可以避免用户被太宽广的视角所分神的问题。[15]

在Google Earth VR中开发团队经过多次测试,选择使用这种移动方法,并称其为舒适模式。

图 6-51　VR 应用 Google Earth VR 截图

6.4.5　匀速运动

当用户处于匀速运动(Uniform Motion)状态时,因不存在加速度,不太容易造成眩晕。

在Unity的示例场景Flyer中,相机从静止到运动的过程使用了淡入,此后相机便以恒定速率直接向前移动,因此用户看到的清晰画面都是匀速运动的状态,这通常不会导致眩晕或不适(见图6-52)。

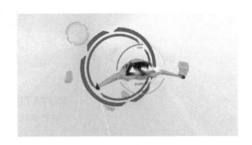

图 6-52　Unity 示例 Flyer 截图

6.4.6　身体导航

2018年2月6日美国MONKEYmedia工作室宣布推出其专利的基于身体的导航解决方案(BodyNav™),用于虚拟现实交互。 MONKEYmedia创始人埃里·克贝尔创建了BodyNav软件,用于解决VR晕动症(见图6-53)。MONKEYmedia方法是将三个运动轴与视平面分开,使用VR头显中的传感器 —— 加速度计和陀螺仪 ,来检测用户的头部运动。用户不必用手在虚拟环境中导航,也无需任何定制硬件,而是可以通过将他们的头部或躯干倾斜在运动方向上来保持平衡。这个用户界面模仿人们在走路或跑步时倾斜头部的自然方式。这允许用户的感官系统在内部接受刺激并且与身体的位置和运动进行关联,与虚拟或远程内容对应,同步视觉和前庭感觉并减少引起晕动症的因素。

现在,用户可以感觉像骑着悬停板,使用身体动作进行导航,利用身体最小化的实际运动来推动虚拟世界中的运动。例如在虚拟景观中,用户身体向前移动就推动VR中的角色向前迈进。BodyNav的编程使用简单,只需几行代码,就可以被运用于VR产品的交互操作。研发人员贝尔表示,BodyNav将向游戏开发商提供许可,游戏开发者可以使用应用程序编程界面将其集成到他们的VR游戏和其他应用程序中。

"如果你用你的双手改变你的视野和动作,而且还需要拉动扳机,这代表了很多认知负荷。"贝尔说,"我们把运动的东西拿出来。现在你可以潜入角落并靠着倾斜快速移动。如果你认为控制器太复杂,这不是你的失败,这是游戏设计师创造过重的认知负荷的失败。这对我们来说就是弄清楚我们在为人们设计用户界面方面是如何搞砸的。"[16]

ROTATE *your* **BODY**
to **aim in a new direction**

TIP laterally
to **move sideways**

PIVOT frontally
to **move forward & back**

图 6-53 BodyNav

6.4.7 高频运动

高频运动（Hyper Dash）是VR技术开发公司Fantom Fathom开发出的一种能解决晕动症的方案。类似于身体导航（BodyNav），它旨在通过用户的动作,由程序判断其行动意图,然后在虚拟环境中实现。它不需要控制器或其他辅助工具,而是让用户通过改变自身的重心来

图 6-54 VR 游戏 *Fantom Fathom's APEX Tournament* 截图

控制移动。该公司指出,这是他们从角度、速度、输入方式、输出方式、用户意图和力学等方面进行了百余种尝试后提出的解决方案。[17]

使用Hyper Dash的第一款游戏是Fantom Fathom的*APEX Tournament*,一款多人（6V6）团队战斗游戏（见图6-54）。

6.5　声音设计

VR体验中,除了视觉上的沉浸感,听觉上的相应设计也能带给用户强烈的沉浸感。声音同时还具备很多功能,立体声能够起到的重要作用包括：定位、提示、警示、状态表达、渲染气氛等。

6.5.1　定位

当声音通过介质传递到人的两只耳朵时,人脑能通过时间、相位、强度和频谱的变化,依靠心理声学和推理去定位,计算出声音的方向,过滤无关信息。围绕声源的不同地点、不同高度,人所听到的声音都是有差别的。同时,人类也倾向于用声音大小来判断声音的距离,特别是面对生活中熟悉的声源,例如乐器、人声、动物叫声、交通工具的声音等。在一个有回声的环境中,声音之间会有较长的、散开的音尾融合,在不同表面上反射,最终消失。如果人耳听到的原声比混声要多,那就意味着所在位置离声源较近。[18]

人类可以在三维空间中辨认定位声音,技术的发展也能把这些信息附着在某个声音上,让人感觉这一声音是来自于三维空间的某个具体位置。充分利用声音的定位性质来进行音源排布,能够从听觉上让人产生身临其境的沉浸感。当物体发出的声音在听觉上显示出方位感,便是空间化的音效。空间音效技术使用算法来提供与现实世界一样的声音,包括音高、音量、混响等因素。这类技术包括双耳音频和三维捕获音频。双耳音频是较为成熟的技术,已经存在多时,而三维捕获音频在此基础上更进了一步,能够让声音随着用户的位置变化而变化。利用一种头部变换函数Head-Related Transfer Function（HRTF）来编排,可以在VR环境内提供高度仿真的音频空间。它以声波的方式在不同角度传向用户的身体,通过头部跟踪头显,进行定制的测量。

当然,并不是说VR体验中所有的声音都要空间化。环境噪声、背景音乐和其他没有明显空间声源的声音不需要空间化。但是有明确物体来源的声音建议采用空间化形式。建议在制作一个与音乐相关的应用或VR实况转播时，尽量运用声音的定位性质。比如，音乐体验*Joshua Bell VR*，就很好地把声音的定位性融合在了体验当中，让用户有一种身处音乐演奏现场的感受（见图6–55）。

图6–55　VR音乐体验*Joshua Bell VR*截图

6.5.2　引起情感共鸣

大量的研究资料表明，音乐具有相当强的情绪感染能力——当用户感受到音乐中的情感表达，大脑内与情绪表征相关区域也许会被直接激活，外显或内在地"模仿"这种表达，最后诱发相同的情绪反应。[19]有效利用音乐这种强大的、引起人类情感共鸣的能力，可以使整个VR体验在情感传播上达到预期的效果。

音乐的情感风格大致可分为平静的、欢快的、热闹隆重的、紧张的、忧愁的、悲伤的、愤怒的等，开发者可以根据主题内容的需要进行选择。如果一个体验能够给用户带来强烈的情感起伏，必定能给其留下深刻印象，从某种程度上说，这个VR体验至少成功了一半。

同一时间，同一场景，如果搭配不同风格的音乐，用户往往能体验到不同的情绪。如果能将情绪的转换运用得当，也会让用户耳目一新，带来意想不到的效果。

6.5.3　引导用户视线

当人耳听到一个声音时，在极短的时间内大脑会迅速判断是否需要关注这一声音，从而决定是否需要往声音方向看去，或选择将其忽略。在VR体验时，只要声音是存在意义的，用户在很大概率上会选择关注这一声音。另一方面，声音的频率会带给人方向感。当人的耳朵听到高频声音(3000Hz以上)时，人会下意识地往上看，而听到低频声音（750Hz以下)时，人会往下看。因此在给VR产品添加声音时，可以利用这些特点引导用户视线走向。

比如，当检测到用户由于视线角度等原因忽视了某一重要对象，可以用具有方位感的声音引导用户去注视那个物体,从而实现有效交互。

6.5.4　声音的触觉感

当利用手势进行交互时,会缺失力的反馈。比如,用户使用Oculus Touch做了一个食指触摸手枪扳机的动作,在现实生活中,食指应该感受到扳机向相反方向力的反馈,然后触发事件。又比如,搬起重物以及推动巨大的控制杆等时,手部和肩背会受到很大的阻力来提醒动作者。但在虚拟世界中,用户体验时触摸到的只是按钮或者虚无的空气,虽然也有相应的响应事件,但若在触摸时加上声音反馈和按钮的视觉变化,则沉浸感将大大增强。由于人体知觉的感官相通性,声音以及画面的补充,会让用户感受到类似于真实的触感,这些互动也会显得更为可信。

6.5.5　传递信息

声音还是一种有力的信息传递工具。

很多时候,单一的视觉显示有其薄弱之处:表达不完全、重点易分散、用大段文字也会带来阅读困难和体验感枯燥等。当视觉形式无法将所有重要信息表达出来时,可以运用声音来辅助表达,具体的表现形式包括语言类的对白、解说词、画外音等。比如,新闻类、教育类、纪录片类的VR体裁,仅依靠画面,也许存在不连贯性,这样的情况下可选择用一定的声音解说来把各种画面串连起来,以达到阐明主题的目的。或者,当由于某些原因,必须暂时关闭头部追踪时,建议将屏幕显示渐变黑屏,同时用声音——比如连续的音乐——来告知用户,程序还在运行加载中,而并非中断。

6.5.6　语音识别

人工智能中的语音识别功能已经被大量运用在智能家电、商务电话等领域。而近年来,许多研究机构也尝试在VR体验中加入语音识别。当用户用语音输入指令时,程序就会执行相应操作,比如,自动搜索、翻页、导航、选择进入等。目前已经投入使用的主要有这些VR产品:

Oculus Home——加入了语音搜索功能,以英语为第一语言的用户可以在Oculus Home界面使用语音搜索,来导航游戏、应用和体验。用户只要在主页界面将其激活,就可以说"Hey Oculus"这句话来让应用听取相关语音指令。若语音识别没有成功,程序则会显示一个漂浮的小球来告知用户重新输入,见图6-56。

其他公司推出的VR浏览器,其中有许多也支持语音搜索,包括Google的"Chrome for Daydream VR"浏览器、百度VR浏览器、火狐浏览器公司Mozilla的"火狐现实

图 6-56　Oculus Home 语音识别系统

（Firefox Reality）浏览器等等。图6-57即为"火狐现实"浏览器的语音识别系统:在界面搜索框右侧,有一个麦克风图标,将其激活就能弹出一个语音输入框,用户即可进行语音搜索。

除此之外,一些VR游戏也运用到了语音识别功能。在VR游戏《星舰指挥官》（Starship Commander）中,用户被要求扮演一名太空飞船的指挥官,使用语音命令来操控飞船的运行,将货物运送至指定的地方（见图6-58）。游戏开发者表示,他们将微软的语音识别技术"智能服务（Cognitive Services）"加入游戏,并使用"用户语音服务（Custom Speech Service）"技术将游戏故事中的用语加入人工智能的字典里,以优化整个游戏的语音识别功能。通过这种方式,可以让用户在体验中感觉自己融入游戏情节,成为整个故事的有机组成部分。如同现实生活中的交流,用户在与游戏中的人工智能进行对话时,相当于把自己的个性添加至游戏之中,而非被动跟随游戏脚本进行体验。这种与内容进行真实对话的方式能够大大提升用户的体验沉浸感。

图 6-57　VR 浏览器 Firefox Reality 语音识　图 6-58　VR 游戏 Starship Commander 截图
别系统

可以期待,未来VR体验的交互方式中,语音交互也会成为一个重要的组成部分。特别是针对一些综合复杂的VR体验,相较于手动输入指令,点击很多按钮的手势/控制器交互方式,用语言和VR体验中的角色对话,获取信息,下达指令,智能而快速地对各种功能进行选择调用,将会是一种更为自然便捷的交互方式。

6.6 多感官体验

目前,VR体验的沉浸感主要来源于视觉和听觉系统。而国内外许多团队正在研究对应于其他感官系统的相应产品,且部分研究已经初见成效。其中主要包括针对触觉系统和嗅觉系统的VR产品,相信在不久的将来VR体验的沉浸感将得到全面的强化。以下将分别进行介绍:

6.6.1 VR体验触觉感受

拥有对应于视觉的触觉体验一向是VR体验中较为理想,但目前尚未普及的状况。触觉反馈的缺失,在某种程度上能依靠相关的视觉和听觉反馈进行弥补,但一些时候也会导致用户在体验中有强烈的"出戏"感。比如在举起重物时手里轻若无物,气流涌动中感受不到强风疾驰,扣动扳机无法感受反弹回力,子弹打中身体、异形拍打肩背都毫无真实感等。

虚拟现实也许无法精确模拟现实世界的触觉感受,但基于调研数据,许多用户期待在一些情况下VR体验能够提供一定的触觉反馈,比如以下几个方面:

(1)给予能触碰、抓握、投掷的物体一定的重力感或形状触感;

(2)当武器碰撞、枪械射击时,实现一定力的反馈;

(3)虚拟的社交应用里,实现某些基本的肢体触碰,比如握手、击掌;

(4)通过力的反馈实现医学复健的目的,为相关病人提供帮助。

目前国内外许多企业都在研发触觉反馈技术,将触觉技术融入VR中。这些技术主要分为以下两类:

第一种是利用传感器来感知动作,同时安置力反馈电机让肢体有反馈的知觉;或者根据程序直接主动施加力的反馈,比如前文所提及的体感套装,基于多反馈点的震动来实现触觉。除此以外,其他的典型产品包括指夹形态的触觉模拟设备,以机械捕捉作为其动作捕捉方案基础的动作捕捉器手套(见图6-59),用震动控制

图 6-59　Dexmo 公司开发的　图 6-60　Gerevo 公司开发的　图 6-61　Toyota 开发的控
　　　　捕捉器手套　　　　　　　　　　VR 鞋　　　　　　　　　　制外骨骼

来提示环境地表的 VR 鞋（见图 6-60），全身型的交互外骨骼设备（见图 6-61）等。

　　另一种发展迅速的触觉技术是空气超声波触觉反馈技术——简单说来，即从格状多位排列的超声波仪器中发出超声波振子，以空气中任意位置的超声波振子为焦点相互结合，形成悬浮于空气中的超声波，因此产生被称为回声放射压的压力。当人的身体部位触碰这一范围时，皮肤即会产生被按压的感觉，从而形成触觉反馈。当超声波震动波形发生变化，就可以变幻出各种各样的触感，如图 6-62 所示。超声波触觉反馈技术无须接触身体的外接设备就可以实现某些触觉感受，这是其一大优势。

　　由超声波触觉反馈技术延伸的一种触觉技术被称为触觉与视觉克隆（Haptic-Optical Clone）。东京大学研究开发了一个虚拟现实互动系统，利用空间影像成像板来"克隆"图像，空气超声波触觉技术来"克隆"触觉，使设备两端的用户不需佩戴任何机械，便可以同时感觉到对方的触碰（见图 6-63）。这项技术成熟后，用户可以与远方亲人握手，甚至拥抱，虚拟技术对现实的模拟也会到达一个新的高度。

图 6-62　Bristol 大学开发的超声波触感设备　图 6-63　东京大学开发的触觉与视觉克隆设备

6.6.2　VR体验嗅觉感受

为了追求更强烈的沉浸感,一些技术公司正在探索开发针对嗅觉感受的VR体验硬件设备。其中较为知名的日本公司Vaqso VR开发了一种嗅觉外设,这个产品由两部分组成,一个部件释放气味,另一部分为风扇,风扇把气味吹向用户的鼻子,气味的浓度可以调节。设备主体以半圆形方式贴合用户的面部,通过USB或蓝牙连接到第三方VR头显,能够与市场上主流的VR头显产品兼容(见图6-64)。当用户触动VR游戏中的相关代码时,Vaqso即可散发出指定"气味墨盒"的味道。该产品的"气味墨盒"包括海洋、火药、森林、木材、土壤、咖啡、焦糖、巧克力、咖喱、炸鸡、薄荷、煤气、花卉、香水味甚至"僵尸味"。

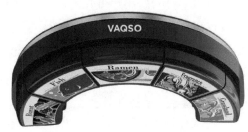

图 6-64　Vaqso VR 嗅觉设备

6.7　用户体验测试

理想情况下, VR产品的用户体验测试应该贯穿于整个设计开发过程,在每个阶段性的步骤完成以后进行一次针对性的用户测试,从而发现产品开发中的问题并予以解决和改善。其中,最关键且重要的测试是用户在VR体验中的交互部分。由于虚拟环境改变了传统交互产品的操作方式和用户的生理心理感受,原本的设计开发规则也难以被直接运用,因此对于VR产品的设计者们而言,可用性测试是必要的,也是最直接了解用户操作反馈和感受的环节。以下是对VR产品交互环节用户测试的一些建议:

◎ **1.选择测试对象**

测试对象指将会使用该VR体验的潜在用户。在选择测试对象方面,开发者应清楚这些问题:用户对VR的了解程度有多少? 用户是否拥有VR设备? 用户拥有何种VR设备? 用户对该体验的诉求是什么? 等等。现阶段,国内市场上VR并非普及的家用设备,这会缩小当前目标用户的范围。比如,一款针对消费者的VR购物应用,典型的测试对象显然是对VR有一定了解,并至少拥有基本款VR设备的目标消费者。但也建议把目光放长远,给予市场一定的时间缓冲期,因为如果用户体验做得足够优秀,在未来也会吸引更多的目标用户。因此,愿意尝试接受新生事物,且对此类商品有兴趣的用户,即使暂时没有接触VR设备,也是可选的测试对象。

◎2.布置测试环境

布置测试环境时需要考虑用户在真实体验过程中的环境——是家里、展馆还是隔间?体验空间一般较大还是较小?用户是坐姿还是站姿?若能尽量真实地模拟出用户进行体验的场景,则可以观察到用户较为自然的测试状态。对于一些房间规模的VR体验,用户可在测试区自由走动,为了安全起见,也为了保证用户的测试过程在感应区之内,除了在虚拟环境中进行边界示意之外,也可以在真实环境中用不同的地面材料告诉用户。比如,用泡沫海绵圈出一个矩形边界,当用户感受到脚感的变化,则说明他们将要到达感应区边缘。

◎3.观察了解测试对象

测试过程中,有些时候用户不一定会直白说出体验感受,但可以通过细致的观察,发现和体会到问题。特别需要注意:用户是否在体验过程中感到不适、头晕、恶心、心慌?用户在某些环节是否停顿了过长时间?用户的操作是否和预期相符?用户是否能无障碍地进行交互操作?等等。

◎4.记录测试过程

在整个测试过程中,因为测试对象有可能会走动和旋转,只用一个摄像机拍摄容易存在拍摄死角,建议用多个机位将用户的体验过程完整记录下来。

◎5.与测试对象进行交流

建议测试过程阶段性进行,为保证每个阶段的测试不被中断,访谈可以在一个阶段结束后开始。测试完毕后,开发者可以准备并询问一些细致的问题,从而了解用户当时进行操作的想法以及行为目的。

通过用户体验测试,开发者能够更清晰、更深入地掌握用户的思想感受和行为模式,从而进一步改善、提高VR产品的用户体验。

参考文献

[1] Applebee S, Deruette A. Getting Started With VR Interface Design [EB/OL],(2017–02–06) [2018–01–15]. https://www.smashingmagazine.com/2017/02/getting–started–with–vr–interface–design/.

[2] Moggridge B. Designing Interactions. Cambridge[M].MA: The MIT Press,2007.

[3] Green C. Improved alpha–tested magnification for vector textures and special effects[C]// ACMSIGGRAPH 2007 courses. ACM, 2007: 9–18.

[4] Pruett C. Vision 2017 – lessons from Oculus: overcoming VR roadblocks [EB/OL],(2017–05–17) [2018] https://www.youtube.com/watch?v=swA8cm8r4iw.

[5] 张金钊,张金镝,孙颖. X3D互动游戏交互设计:可穿戴式交互技术[M]. 北京:清华大学出版社, 2017.

[6] 曹林,朱希安. 虚拟现实技术应用和Kinect开发[M]. 北京:电子工业出版社,2015.

[7] 赵杰. 交互动画设计:Zbrush+Autodesk+Unity+Kinect+Arduion 三维体感技术整合[M].北京:化学工业出版社,2016.

[8] Correa C. DigiBit:World's 1st body action driven mobile gaming system [EB/OL].(2017–10–16) [2018–04–06].https://www.kickstarter.com/projects/1039276273/digibit–is–wearable–active–fun– for–your–mobile–dev.

[9] inXile. The mage's tale[EB/OL].(2017–04–21)[2018–04–06]. https://magestale.inxile–entertainment. com/.

[10]薛冰洁. VR手势交互:Oculus Touch测 评[EB/OL].(2017–01–13)[2018–04–09].http://gad. qq.com: http://gad.qq.com/article/detail/25173.

[11] Wikipedia. Teleportation [EB/OL].(2017–09–19)[2018–04–15].https://en.wikipedia.org/wiki/ Teleportation.

[12] Buckley S.Why 'teleportation' makes sense in virtual reality [EB/OL].(2016–10–07)[2018–04–15]. https://www.engadget.com/2016/10/07/why–teleportation–makes–sense–in–virtual–reality/.

[13] Pruett C. Vision 2017 – lessons from Oculus: overcoming VR roadblocks[EB/OL](2017–05–17) [2018–04–15].https://www.youtube.com/watch?v=swA8cm8r4iw.

[14] Hamilton I. Cloudhead's "Blink" locomotion for VR is simple and robust [EB/OL].(2015–08–11) [2018–05–05].https://uploadvr.com/cloudhead–blink–vr–movement/.

[15] Jagnow R. Daydream labs: locomotion in VR [EB/OL].(2017–06–06)[2018–05–06].https://www.

blog.google/products/google-vr/daydream-labs-locomotion-vr/.

[16] Samit J. A possible cure for virtual reality motion sickness [EB/OL].(2018-02-06)[2018-05-09]. http://fortune.com/2018/02/06/virtual-reality-motion-sickness/.

[17] Graham P. Fantom Fathom's hyper dash looks to solve VR-induced nausea [EB/OL].(2017-09-03) [2018-05-09].https://www.vrfocus.com/2017/09/fantom-fathoms-hyper-dash-looks-to-solve-vr-induced-nausea/.

[18] Oculus. Introduction to virtual reality audio [EB/OL].(2016-08-10)[2018-05-12].https://developer. oculus.com/documentation/audiosdk/latest/concepts/book-audio-intro/.

[19] Livingstone S R, Thompson W F, Russo F A. Facial expressions and emotional singing: A study of perception and production with motion capture and electromyography[J]. Music Perception: An Interdisciplinary Journal, 2009, 26(5): 475-488.

第 7 章

虚拟现实用户
体验案例分析

虚拟现实技术发展到如今,已涌现出许多先驱型的VR体验产品。本章将选取一些典型案例,概况介绍它们的主要内容,并分析它们的用户体验特点——其中包括模型设计、交互模式、运动方式、背景处理等方面。希望开发人员能够以这些产品作为参考,汲取其中的优点长处,并进一步开拓思路,不断创新,从而设计开发出更多的优秀VR产品。

7.1 具体案例分析：Tilt Brush

Tilt Brush是Google开发的一款3D基础绘画程序。通过它，用户可以将整个虚拟世界变成自己的画板。也许真正的艺术家能够用此工具创造出惊人的VR绘画，但无论是不是艺术家，都可以尽情享受绘画的乐趣。用Tilt Brush绘制的作品充满了无限可能，极具突破性。

在Tilt Brush推出之后，Google还进行了艺术家驻扎计划（Tilt Brush Artist in Residence program，简称AiR），邀请了60余位艺术家，包括涂鸦艺术家、画家、插画家、平面设计师、舞蹈家、漫画家等，尝试在虚拟环境中进行创作。AiR计划能够协助艺术家探索在VR中创作的可能性，以及如何将虚拟环境作为媒体，同时Google的工程师也能即时与艺术家讨论，便于及时改善Tilt Brush的功能。官方网站上公开的许多艺术创作都跳脱了传统平面艺术的表现方式，需要通过VR装置才能完整感受作品的魅力。

用户体验特点：

空间感——人的双手和身体原本就能感知空间，此应用将艺术创作的载体从传统的2D平面变成了3D的无限空间，通过身体移动改变视角，通过手部动作直接绘画，能够直观快速展现多个角度的立体模型，并允许用户穿梭于其中，极具趣味性。创作上，它给了用户更多的空间，使构思不再局限于平面，更能拓展立体的可能性。相当于将用户带进了三维空间去自由创作，让他们身临其境，运用更特殊的绘画技巧（见图7-1）。

特效画笔——Tilt Brush给用户特效画笔的选项。用户可以用其绘出光电声色等各种只能在电影里看到的炫酷特效，比如星星、光线、火焰、激光、烟雾等（见图7-2）。

控件——Tilt Brush的控件使用简单，但选项非常丰富，控制器可帮助用户自然作画。触发器启动后，将根据控制器的位置和角度画出笔触，用户也可以使用凹形垫调整笔触的宽度。工具箱控制器放置于控制器周围，为用户提供菜单面板。用户可通过轻扫凹形垫来旋转菜单或旋转手中的控制器。比如，可以选择工具箱控

图 7-1　VR 应用 Tilt Brush 截图　　　　　图 7-2　VR 应用 Tilt Brush 截图

制器调出色轮。选择颜色时，只需将绘图控制器指向色轮，激光笔便会引导用户的选择。同样，如果用户想选择新的场景、撤销上一笔或远距传动至不同的位置，可以将控制器旋转至这些选项，激光就会指向相应图标并启动触发器（见图7-3）。

　　自由的体验姿势——用户在进行体验时不会有姿势的限制，有全方位的自由度，可以坐着、站着、趴着，甚至跳起来画画。用户也可以360°地旋转，被创造出来的作品所环绕（见图7-4）。

图 7-3　VR 应用 Tilt Brush 截图　　　　　图 7-4　VR 应用 Tilt Brush 截图

7.2　具体案例分析：*Lone Echo*

　　Lone Echo 是 Ready At Dawn 工作室开发的一款VR游戏，背景设定在了未来的太空。在游戏中，玩家扮演的是一个具有高度人工智能的工作机器人"Jack"，玩家需要在宇宙空间中完成各种各样的艰巨的任务，在土星周围的采矿工作站中和舰长 Liv 一起遭遇神秘的空间异常，并携手冒险、解谜。它在风格上属于科幻动作类。据悉，这款作品是专门针对 Oculus Rift 的控制器 "Touch" 进行设计开发的。

用户体验特点：

移动模式——由于环境背景定义为在宇宙空间的飞船上，所有物体与人物都处于零重力模式。玩家想要进行移动可通过手腕上的推进器产生喷射动力，或借助双手接触环境物体产生推力来控制自身的位移。

眩晕感较低——游戏环境与用户认知中真实的宇宙空间环境相符，移动方式给人的感觉自然而真实，同时玩家的视角始终都是保持在一个方向上，不会不停晃动，因此在正常游戏的过程中能够尽量避免眩晕等情况的发生。

零重力——游戏场景被设定为宇宙空间，采用的零重力的效果完美地填补了现阶段VR设备没有重力反馈的弊端。

建模——这款游戏中，无论是浩瀚太空的恢宏场景，还是精细的人物建模，甚至微小的部件，都极其细腻，能够给用户带来强烈的沉浸感（见图7-5）。

UI交互——*Lone Echo*的界面属于剧情型界面，它的UI系统不会像在提醒用户，"你正在玩游戏"，而是很巧妙地结合到了整个故事环境中。用户扮演的主角Jack有一对穿戴于手腕的微型计算机，可以通过点击和滑动按钮来接收信息或者对话。还有位于太空飞船各种仪器上的按钮、把手、显示屏，以及移动的全息屏幕，都像是这个虚拟世界中本应存在的元素，而非强加的UI（见图7-6）。

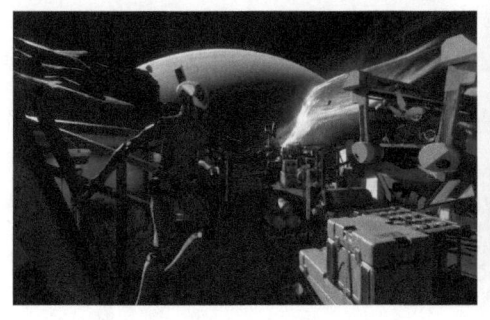 

图 7-5 VR 游戏 *Lone Echo* 截图　　　　图 7-6 VR 游戏 *Lone Echo* 截图

人物交流——与传统游戏相比，VR体验可以提供更多的机会，让用户关注某个角色，进行实际的目光接触并共享相同的个人空间。[1]在 *Lone Echo* 中，用户所扮演的智能机器人Jack与队长Olivia就有很多的人物交流，并主要通过人物对白的方式来推动剧情的发展。整个经历中，用户会与队长进行很多有趣的对白。另外，体验过不止一遍的用户也许会发现游戏中设定了许多的不同对话选项，以创造出更多的未知性，带给用户个性化的体验。虽然这种对白并不会影响游戏的最终结局，但是，当用户沉浸在游戏的氛围中，强烈的游戏代入感会让用户像开发者所期待的一样，忘记自己是谁，很自然地把自己当成智能机器人Jack。而长期与队长在宇宙空间这样一个环境下一起工作、一起聊天、一起冒险，当然会把她当成自己最亲近的朋友。因此到最后，在发现队长Olivia遇险之后，用户自然会无法抑制、宁可自己冒险也想要营救她（见图7-7）。

图 7-7　VR 游戏 *Lone Echo* 截图

手部设计——可以看出 *Lone Echo* 开发者花了很多时间精心设计了游戏中的虚拟手臂，除了外观非常逼真，更重要的是它对于受力的判断和预测十分准确，以及其中包含的交互功能极佳。用户可以在游戏中用机械手臂抓住任何物体，当把手放在物体的表面上时，会看到一个逼真的接触，开发者

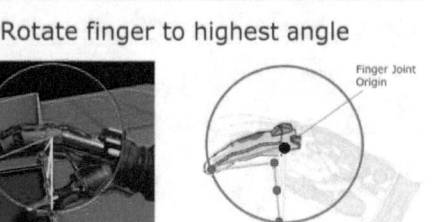

Rotate finger to highest angle

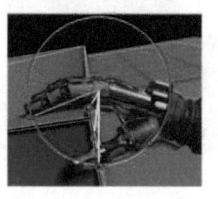

Finger Joint
Origin

图 7-8　VR 游戏 *Lone Echo* 手部设计

通过程序化的方式来计算手指抓住物体时的角度，因此看起来手指是以自然的、符合实际认知的方式附着在上面（见图7-8）。

双臂的动画——因为需要依靠物理学来推算：原本一直是VR的难点，如果显示的胳膊长度和角度与实际不一致会破坏沉浸感，所以很多VR体验中仅仅模拟了双手而忽略双臂。但 *Lone Echo* 用运动学逆向推算出手臂的位置，很好地攻克了这一难题,开发者利用三个点——头部、左手、右手的位置与朝向进行了估算,然后确认肘部的转动角度、肩部位置、锁骨的伸展朝向和手臂的长度,使最后显示的虚拟手臂与用户的实际肢体位置如出一辙(见图7–9)。[2]

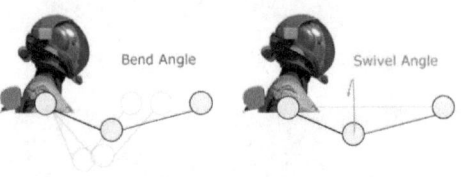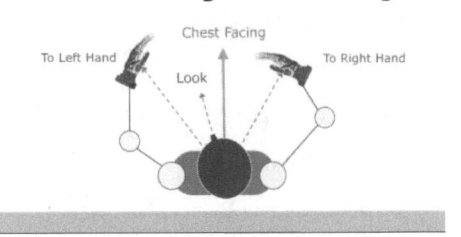

图 7–9 VR 游戏 *Lone Echo* 双臂动画

7.3 具体案例分析: *Job Simulator*

Job Simulator 是由 Owlchemy Labs 研发的,游戏背景设定在 2050 年。在机器人已取代所有人类工作的世界里,用户要扮演机器人以了解过去的工作(即我们现在的工作)。该游戏包含四种职业,分别是美食大厨、便利商店店员、机械修理工和公司职员。每个场景的工作目标都会以图形指引的形式,在用户面前的小黑板上写下来,用户可以学着照做。整个体验过程是随意的、无计划性的,但这不影响 *Job Simulator* 成为一款优秀的互动游戏。正如 Owlchemy 的开发目的——将 *Job Simulator* 做成 VR 游戏的标志性和代表性作品,成为 VR 游戏向大众玩家普及的接口,而他们确实达到了这个目标。并且此游戏对不同平台支持良好,通过这款游戏,用户可以充分熟悉各种手柄的使用方法,对于体验其他 VR 应用能够起到很好的帮助作用。

用户体验特点:

房间尺寸设置——用户在初次接触该游戏时,会感觉需要做的设置较为简单快捷,这会给用户一个良好的第一印象。这得益于游戏开发时大量的准备工作。如开发者 Alex Schwartz 所说,他们最重要的目标是确保对每一个玩家,无论他身处何地、房间多大, *Job Simulator* 都能做到"恰好合适""直接可用"。为了达到这一点,他们特别希望能够给玩家足够的游戏空间,最好和他现实中的活动空间一样大,无须让玩家去寻找菜单,设置各种选项,或者回答许多问题（见图7-10）。而由于直接缩放游戏里的虚拟房间不能达到他们想要的体验效果,所以他们选择了"困难模式":设计了一系列各种各样尺寸的房间,并一个个地布置每一个不同大小的房间,然后做了一个自动探测用户设置、自动选择房间大小的系统。这很费事,但是最终使用户得到了最流畅的体验。

图 7-10　VR 游戏 *Job Simulator* 截图

图 7-11　VR 游戏 *Job Simulator* 截图

手部操作——这款游戏通过运用VR手柄的手部追踪特性,使控制游戏变得就像在现实世界中操作东西一样简单和自然。从而减少了抽象的互动方式,如按A键B键激发操作。所有人,不管之前玩没玩过游戏,可以凭常识和直觉迅速上手（见图7-11）。

简化操作——简化了游戏机制,让玩家可以快速地操作,减少了

图 7-12　VR 游戏 *Job Simulator* 截图

现实车辆修理时的必要重复,提升游戏的趣味。这样的地方不止一处:茶壶没有盖子,搅拌机用机械手搅拌,咖啡机只有一个键。这种简化能更好地传达游戏的可能性,正如同儿童的玩具也是对现实生活交互的简化一样（见图7-12）。[3]

幽默感——游戏中处处体现的幽默感大大增强了游戏的趣味性。比如,作为公司白领职员,有一个任务是在老板的注视下, 10秒内要看起来很忙碌,这时用户只需要吃一个甜甜圈,同时随便按几下鼠标,老板就会大大表扬你的努力工作;作为美食大厨,可以制作各种黑暗料理来给机器人吃,把厨房搞得乱七八糟也没有关

系,因为不用去收拾;作为机械修理
工,用户可以把检修车辆的灯泡取下
来,往上面涂上辣椒油,再装回去,把汽
车引擎大卸八块,顺便把车辆的电池换
成核电池(见图7-13)。

图 7-13　VR 游戏 *Job Simulator* 截图

7.4　具体案例分析：Facebook Spaces

　　Facebook Spaces是Facebook账户下的一个虚拟现实会议和互动空间,现阶段内容分为三个主要领域:媒体、工具和朋友。用户可通过个性化虚拟化身与最多三个Facebook好友进行交流和互动,或通过Messenger与其他人进行视频通话。

　　在登录Facebook之后,你需要创建属于自己的虚拟化身。Spaces为用户提供各种肤色、头发类型和风格、面部细节和眼镜。额外的项目可能会随着时间的推移而增加,比方说服装。你可以单独访问Spaces并查看自己的内容,或同时与最多三名邀请的朋友进行交流。Facebook一直都是图片分享的空间、视频分享的场所。你可以与朋友分享保存的、基于时间线的图片和视频,以及你正在关注的页面。在分享时,它们将会以浮动相框的形式呈现。

　　Spaces还允许用户与3D图像和视频进行交互,以获得更加身临其境的体验。这可以是你自己的创作,或者在"探索"选项打开Facebook的3D内容。从大海到野生动物园,你将会与其他虚拟人物围坐在虚拟桌子旁。

　　富兰克林提出了一个问题:"如何以一种人们可以接受的方式与自己关心的人在一起,并把自己已经产生感情的内容(有意义的内容)分享出去呢?这也是我们加入桥接VR与非VR的功能的部分原因,重要的是不仅让身处VR的用户可以分享自己,同时也包括VR之外的人们,让他们也能看到。"[4]

用户体验特点:

　　人物形象设计——登录Facebook之后,用户需要创建属于自己的虚拟化身,这可以让用户更具有代入感。Spaces系统会利用机器学习算法,根据用户的过往照片，自动生成一个用户相近的卡通形象，然后用户可以在这个形象的基础上进行定制，系统将为用户提供各种个性化选择，包括肤色、发型、脸型、眼镜、服装以及其他细节。

背景环境——Facebook Spaces 提供了非常丰富的环境选择。用户与朋友的互动既可以选择在现代化的客厅、舒适宽敞的卧室、豪宅天台，也可以选择在原生态的篝火边、悬崖、高山旁，甚至还有火山、太空等新奇的场景可供挑选。

虚拟与现实的连接——因为VR还是一个相对年轻的产业，与拥有智能手机的用户数量相比，有VR头显的用户显然要少很多。但是Facebook Spaces能够将两者连接起来，只要用户开启连接虚拟与现实的视频通话功能。这将意味着即使是没有VR头显的用户，也可以一窥虚拟世界的真实模样，并在虚拟世界中与朋友建立联系（见图7-14、图7-15）。

图 7-14　VR 应用 Facebook Spaces 截图　　图 7-15　VR 应用 Facebook Spaces 截图

用户之间的互动——在Facebook Spaces中，用户可以把身在千里之外的亲朋好友一起拉到虚拟世界里，一起观看视频或者照片，这意味着用户可以一边观看，一边和朋友聊天互动，甚至一起合影（见图7-16、图7-17）。

图 7-16　VR 应用 Facebook Spaces 截图　　图 7-17　VR 应用 Facebook Spaces 截图

　　用户与3D图像及视频的交互——Facebook Spaces中的"魔术贴（Magic Marker）"功能，可以让用户在三维空间内作画，并允许朋友之间合作一起作画。而且，用户还可以抓取并操纵自己绘制的3D图像，比如画个帽子给自己或者朋友带上。

　　表情设计——表情包在社交网络中一直很受欢迎，而在Facebook Spaces中，不仅有大量的自动的可爱表情包，还可以让用户的虚拟形象做出各种表情，比如，当用户在眨眼时，头像会自动眨眼，嘴巴在说话时也会自动开合，并根据语音识别配合出大概的发音嘴型。用户也可以通过控制器来做一些简单的动作，比如把手放到脸颊两侧，表示惊讶等。另外，根据用户头部的转动方向，算法可以判断出用户们眼睛看向的位置，实时同步到虚拟人物身上，让人们可以在虚拟世界里有目光接触（见图7-18）。

　　物理反馈——除了表情，Facebook Spaces还让用户感觉到了物理接触。当用户做出某些动作时，在控制器上配上了物理反馈，比如当人们在虚拟世界里击掌和握手时，系统会反馈声音和震动，让用户更有体验的真实感（见图7-19）。

　　安全设计——由于不适当的身体接触会引起用户的反感，即使在虚拟空间也同理，Facebook Spaces还贴心地推出了一项特殊功能，当虚拟世界里对方的手和用户身体近到一定距离的时候，他的手就会变得透明，就好像伸到了一个泡泡里一样，工程师们管这个叫作"安全泡泡"（见图7-20）。

图 7-18　VR 应用 Facebook Spaces 截图　　图 7-19　VR 应用 Facebook Spaces 截图　　图 7-20　VR 应用 Facebook Spaces 截图

7.5 具体案例分析：Google Earth VR

"通过 Google Earth VR，用户足不出户就可以饱览世界各大城市的美景，站在世界之巅，甚至在太空中注视我们这颗蓝色星球。" Google Earth VR 应用采用了和谷歌地图一样的 3D 渲染技术，目前，该应用已经收录了来自地球 5 亿平方公里的真实地貌和来自 85 座城市的街道景色，并精选了一些游览价值较高的地区，如亚马逊河流、曼哈顿、美国大峡谷、瑞士的阿尔卑斯山等，进行细致的数字化处理。用户可以通过该应用进行一场身临其境的虚拟旅游，而且还可以随意调整视角和时间。

用户体验特点：

移动模式——启动这个程序之后，呈现在用户面前的便是可以自由定位、旋转与缩放的 VR 景观。Google Earth VR 的操作和谷歌地图一样，用户应该会比较熟悉。当想要移动位置的时候，可视范围会缩小，这样可以防止眩晕。因为，在 Earth 这种模型下，用户在模型中飞行通常会伴随着模型尺度的变化。如果用瞬时移动实现这个过程，将会失去飞行时快速移动的感觉，最终位置和尺度的变化也会让用户非常困惑，这样的体验对用户并不友好。Google 最终采用的移动交互方式，就是这种被他们称作隧道运动（Tunneling）缩减视角的效果（见图 7-21）。

图 7-21 VR 应用 Google Earth VR 截图

3D 全景——地球如此之大，目前的情况下无法做到对每寸土地都进行细致入微的建模，但一些著名景点还是有完整的 3D 全景。图像来源一部分是卫星图片去除云层后的景象，自然景观大多用这个技术；另一部分是无人机拍摄的，比如城市的建筑物等。用户可以随意调整角度进行观察游览（见图 7-22）。

微缩模型沙盘场景——可以

图 7-22 VR 应用 Google Earth VR 截图

自由定位、旋转与缩放的 VR 景观,给用户带来独特的观赏体验。特别是其中程序设定好的一些场景建模（自然景观、著名城市等),用鸟瞰视角效果很好（见图7-23）。

图 7-23　VR 应用 Google Earth VR 截图

日夜变换——一个景点白天和黑夜也许给人的感觉完全不同。因此Google Earth VR设置了白天和黑夜的景观变化。用户只需要把控制器指向太阳,然后滑动,所在的地点的风景就会按着太阳位置变化而变化。所以,用户能欣赏到这个地点的全部风景,从日出到日落（见图7-24）。

图 7-24　VR 应用 Google Earth VR 截图

7.6　具体案例分析：Fox Sports VR

Fox Sports VR是Fox Sports同LiveLike合作制作的一款VR产品,用于转播高校橄榄球比赛和其他一些比赛。除了可以进行社交体验以外（使用虚拟套件的游客可以同其他三位粉丝或者朋友一同观看）,用户还可以在Fox Sports VR应用之外的Twitter和Fox Sports Youtube频道等平台透过360°的悬浮摄像头Skycam观看比赛（Fox Sports也将在Fox比赛中提供主要的360°视频画面）。通过该应用程序,用户同时还可以看到球队的名单、赛季时间表和统计数据。体育场内的视频板可让球迷同时观看现场FOX Sports广播节目。

用户体验特点:

Live直播——用户可以通过该产品全方位地观看比赛直播,以及赛前预备、球队热身、半场乐队表演和赛后庆祝活动（见图7-25）。

社交体验——为了使用户得到更好的VR体验, Fox Sports在其社交元素上也下了功夫:用户可以选择使用学院主题的头像,还可以邀请朋友在虚拟的网络空

图 7-25　VR 应用 Fox Sports VR 截图　　　　图 7-26　VR 应用 Fox Sports VR 截图

间贵宾套房一起观看比赛。就像 Fox Sports 负责人 Jeb Terry 所说："体育和球迷本质上是社会性的：你和同事会谈论某场赛事，你和朋友会一起看比赛，你会和其他球迷一起互动。这是体育乐趣的一部分。"[5] 因此在产品中加入社交部分，希望其虚拟现实技术能够实现体育社交这一元素（见图 7-26）。

多种观看视角——该产品允许用户自由探索空间，提供个性化体验：比如，用户可以倾斜、平移、缩放并真正探索一个独特新角度，还能获得下一个层次观看比赛的视角（见图 7-27）。

图 7-27　VR 应用 Fox Sports VR 截图

7.7　具体案例分析：*Richie's Plank Experience*

　　Richie's Plank Experience 是由 Toast 出品的一款非常有意思的高空行走游戏。在游戏开始时，用户会站在一栋大厦的电梯口外面，然后坐电梯到达160米的高空；电梯门打开时，将会看到一条长木板悬空架到大厦的外面，底下就是160米远的水泥地面，耳边还有呼呼的风声。用户需要在160米高空走平衡木，可以说是一个挑战胆量的游戏。*Richie's Plank Experience* 的另一部分是飞行体验，包括空中喷射涂鸦和救火行动。喷漆设备喷出的气体可以固定在空中，用户可以选择不同的颜色，创作出一幅幅美丽的空中画作。用户还可以使用喷射器进行飞行操作，在广阔的城市地图中飞行，然后找到失火的地方进行灭火（见图7-28）。

　　用户体验特点：

　　环境设计——游戏场景中搭建了数量众多的高楼大厦，在道路上奔跑的汽车，以及不时在空中出现的直升飞机，给用户带来了丰富的视觉体验（见图7-29）。

图 7-28　VR 应用 *Richie's Plank Experience* 截图　　　　图 7-29　VR 应用 *Richie's Plank Experience* 截图

　　现实道具和虚拟环境的结合——游戏建议用户在一块真正的木板上进行体验。如此一来，脚底的接触感觉、木板被踩上去的轻微摇晃与用户看到的视觉图像完美结合，更会给人一种身临其境的感觉（见图7-30）。

　　音效——在高空行走部分，游戏的音效还原的高空环境的呼啸风声，夹杂着木板被踩上去每走一步所发出的咯吱声，都有意在说服用户忘掉所处的实际环境，认同自己在虚拟世界中的位置。在救火任务中，游戏采用了情绪激昂的背景音乐，给了用户一种超级英雄去拯救世界的感觉（见图7-31）。

图 7-30 VR 应用 *Richie's Plank Experience* 体验（图片来源于网络）

图 7-31 VR 应用 *Richie's Plank Experience* 截图

7.8 具体案例分析：*Audioshield*

这是一款十分酷炫的音乐游戏。用户只需选择一首歌，然后点击播放，一个个光球就会随着音乐的节奏飞来。两个控制器会作为用户的盾牌，一个蓝色，一个橙色，用以阻挡从天而降的红、蓝、紫音波。不同颜色的盾牌用来挡相应颜色的光球，而把两个

图 7-32 VR 应用 *Audioshield* 截图

盾牌并列在一起则可以阻挡紫色的光球。除了简单易懂又动感十足的玩法之外，它还可以识别任何MP3文件，也就是说用户可以把自己喜欢的音乐导入到游戏中使用，系统会自动生成各种光球（见图7-32）。

用户体验特点：

音乐与虚拟图像的结合——这款游戏将音乐变成了游戏有机的一部分，体验的虚拟环境就像一个未来感的竞技场，在这里将音乐通过程序视觉化，变成肉眼可见并且可以用双手去触碰的光球，当触及用户的控制器时手柄同时还会发出反馈。这不仅让用户觉得新鲜有趣，从某种程度上还能加深用户对音乐的理解力和感受力（见图7-33）。

游戏与锻炼结合——游戏中光球位置的设计让用户必须通过不断的身体运动以及双臂挥动来达到阻挡光球的效果。并且，在重复一首乐曲时，虽然节奏一样，

图 7-33　VR 应用 *Audioshield* 截图　　　　图 7-34　VR 应用 *Audioshield* 截图

但光球的位置方向却有可能发生变化，用户只能通过提高反应速度，而不是机械记忆来获得更好的成绩（见图7-34）。在体验游戏的同时能使用户达到锻炼身体的目的，据说玩20分钟能让用户燃烧超过150卡路里的热量，这和做体操效果差不多。Audioshield是一个很好的一箭双雕的游戏典范。

参考文献

[1] Grubb J Lone Echo nails the 3 keys to VR gaming [EB/OL].(2017-09-18)[2018-06-02].https://venturebeat.com/2017/09/18/lone-echo-nails-the-3-keys-to-vr-gaming/.

[2] Copenhaver J. It's all in the hands: VR animation and locomotion systems in 'Lone Echo' [EB/OL].(2017-3-15)[2018-06-02].https://www.gdcvault.com/play/1024446/It-s-All-in-the.

[3] Jude.要将Job Simulator做成VR游戏的标志和代表！制作人谈开发幕后故事[EB/OL].(2017)[2018-06-09].http://www.vrzinc.com/opinion/15878.html.

[4] Lowe M. What is Facebook Spaces and how can I use it? Social VR explained [EB/OL].(2017-07-27)[2018-06-10].https://www.pocket-lint.com/ar-vr/news/oculus-rift/141733-what-is-facebook-spaces-and-how-can-i-use-it-social-vr-explained.

[5] Kurz P. Fox looks to tap into communal nature of sports [EB/OL](2017-09-22)[2018-06-10].https://www.tvtechnology.com/news/fox-looks-to-tap-into-communal-nature-of-sports.